日本の乗用車図鑑

1907-1974

自動車史料保存委員会 編

JN254383

MIKI PRESS

三樹書房

はじめに

本書は、日本の自動車産業が歩んできた足跡を史料として残しておくことを目的に、2009 年に企画・発行した書籍『乗用車　1947-1965』と、2010 年に発行した続編『乗用車　1966-1974』を合本し、改訂を加えて新たに刊行するものです。2009 年版の『乗用車』については品切れとなってからも読者の皆様からのご要望が多く、今回の刊行に至りました。

本書では、最も信頼できる史料として自動車工業振興会（後の日本自動車工業会）発行の「自動車ガイドブック」をもとにしたスペックや簡単な解説文と、一般社団法人日本自動車工業会所蔵の写真を中心として、発売年順に紹介しております。

また今回 2 冊を合本するにあたり、2009 年当時には入手できなかったスペック項目については公益社団法人自動車技術会の発行資料や自動車メーカーの社史などを参照し、さらなる内容の充実を図りました。また、史料によってスペックデータに異なる数値がある場合、より信頼性の高い数値のほうを選択しております。さらに 2009 年版は戦後からでしたが、今回は 1907 年の国産吉田式自動車（タクリー号）をはじめ戦前・戦中の 8 台を新たに加えました。明治からの国産乗用車を年代順に紹介していくことで、日本の自動車製造の黎明期から、技術を習得していく過程、さらに戦後の復興と高度経済成長の波に乗って、本格的なモータリゼーションの時代へと発展していくまでを、乗用車の姿を通じてより克明にまとめることができたと考えております。

本書に紹介する 1974 年までは、国内メーカーが技術を競ってより高い性能の乗用車づくりにまい進した時代です。1975 年以降は排出ガス規制対策が大きな命題となりますが、日本の自動車の黎明期から、世界有数の自動車生産国となる基礎を固めたかつての国産乗用車たちの姿を後世に伝える史料のひとつとして、本書をご活用いただければ幸いです。

なお本書では、ジープやランドクルーザーなどの商用モデルも、発売当時の使

用方法などに乗用車的要素が多かったことから例外的に収録しました。また、日本自動車工業会に収蔵されていないモデルについても、掲載する必要があると思われるものについては、当会所蔵の写真を使用して収録しております。

自動車史料保存委員会

■読者の皆様へ■

本書に登場するモデルの名称については、当時の「自動車ガイドブック」（自動車工業振興会発行）と、掲載写真の提供元である日本自動車工業会の写真に添付された名称をもとに統一を図り、紹介いたしました。
また、スペック等についての表記は、当時の「自動車ガイドブック」を中心とし、掲載のないモデルに関しては各自動車メーカー製作の社史（部分的に当時のカタログなど）より該当する部分をそのまま抜粋して収録しました。したがって、配列気筒数や弁型式など、同じ内容について異なった表記で紹介されているものもあります。
本書は上記の方針にそってまとめられておりますが、スペック等の記述に差異等お気づきの点がございましたら、該当する史料とともに弊社編集部までご通知いただけますと幸いです。

三樹書房　編集部

目 次

〈諸元表のブレーキ欄の略記号〉

2L：2 リーディング、LT：リーディングトレーリング、U：ユニサーボ、円：ディスク

国産吉田式自動車（タクリー号）

東京自動車製作所
●発売　1907年一月

車名	国産吉田式自動車
型式・車種記号 全長×全幅×全高 (mm) ホイールベース (mm) トレッド前×後 (mm) 最低地上高 (mm)	― 約3400×約1400×約2200 約2600 1200×1200 ―
車両重量 (kg) 乗車定員 (名)	約800
燃料消費率 (km/ℓ) 登坂能力 最小回転半径 (m)	― ― ―
エンジン型式、種類 配列気筒数、弁型式 内径×行程 (mm) 総排気量 (cc) 圧縮比 最高出力 (PS/rpm) 最大トルク (kg・m/rpm) 燃料タンク容量 (ℓ)	水平対向2気筒 101.6×113.3 1837 12/― ― ―
トランスミッション ブレーキ タイヤ	遊星歯車式2速
東京地区現金標準価格 (¥)	―

1897年（明治30年）に自転車輸入販売業の双輪商会を設立した吉田真太郎は、1903年に自動車販売部を設立、翌年には業務視察のために渡米し、帰国の際に12馬力と18馬力の水平対向2気筒エンジンを購入した。さらに吉田は、以前から双輪商会が自動車の修理を依頼していた逓信省電気試験所の内山駒之助を招き、1904年に自動車販売部を東京自動車製作所と改称した。

国産吉田式自動車は、有栖川宮威仁親王が所有していたダラック号の修理を引き受けていた縁で、日本の道に合うもう少し小さな自動車を製作できないかとの有栖川宮の依頼を受けて製作したもの。

俗称として「タクリー号」の愛称で呼ばれるようになった。

三菱A型乗用車

神戸三菱造船所
●発売　1918年11月（発表）

車名	三菱 A 型乗用車
型式・車種記号	—
全長×全幅×全高 (mm)	—
ホイールベース (mm)	2743
トレッド前×後 (mm)	1422
最低地上高 (mm)	—
車両重量	2900 ポンド
乗車定員 (名)	7
燃料消費率 (km/ℓ)	—
登坂能力	—
最小回転半径 (m)	—
エンジン型式、種類	—
配列気筒数、弁型式	4 気筒
内径×行程 (mm)	79.4×139.7
総排気量 (cc)	—
圧縮比	—
最高出力 (PS /rpm)	35/—
最大トルク (kg・m/rpm)	—
燃料タンク容量 (ℓ)	—
トランスミッション	—
ブレーキ	—
タイヤ	—
東京地区現金標準価格	—

三菱自動車工業の設立は1970年（昭和45年）だが、三菱最初の自動車は1918年（大正7年）の三菱A型である。

1917年2月に神戸造船所に内燃機工場が新設され、夏頃に三菱合資会社本社で社用に使っていたフィアットを工場に持ち込み、分解してスケッチをすることから開発が始まった。

車室の構造や製作の知識がなかったため馬車製造などの経験者の手を借り、大型の木材をくりぬいたものなどを使い、装備は高級な英国製毛織物を使用するなど一流品をそろえたという。

しかし、コストの面などにより、試作車5台を含めた22台を生産したところで1921年に生産が中止となった。

（写真は復元モデル）

リラー号

実用自動車製造
●発売　1923年一月

車名	リラー号
型式・車種記号 全長×全幅×全高 ホイールベース トレッド前×後 最低地上高 (mm)	— 8 尺 7 寸× 3 尺 7 寸× 5 尺 3 寸 84 インチ 38 インチ× 38 インチ —
車両重量 (kg) 乗車定員 (名)	480 3
燃料消費率 (km/ℓ) 登坂能力 最小回転半径 (m)	— — —
エンジン型式、種類 配列気筒数、弁型式 内径×行程 総排気量 (cc) 圧縮比 最高出力 (PS /rpm) 最大トルク (kg・m/rpm) 燃料タンク容量 (ℓ)	— 空冷 2 気筒 3 インチ× 4 インチ — — 7.2 (HP) — —
トランスミッション ブレーキ タイヤ	摩擦摺動式 3 速 — 28 インチ× 3 インチ
東京地区現金標準価格	—

飛行機製造・販売のため1918年（大正7年）に来日したアメリカ人のウイリアム・R・ゴーハムが、彼を招聘した興行師、櫛引（くしびき）弓人のために小型3輪自動車「クシカー」を製作した。

久保田鉄工所などの出資で1919年に設立された実用自動車製造がクシカーの市販型である「ゴルハム式三輪自動車」を製作したが、3輪でバーハンドルであったためコーナリングでスピードが出ていると転倒することなどから、1921年に生産を中止してしまう。その後ゴーハムは実用自動車を退社するが、彼の下で副設計主任をしていた後藤敬義が中心となって丸ハンドルの4輪車とした改良車が、リラー号である。

後藤は後にゴーハムと再びコンビを組み、ダットソンを製作することになる。

オートモ号

白楊社
●発売　1924年一月

車名	オートモ号（四人乗幌型）		
型式・車種記号	幌型		
全長×全幅×全高	拾尺×四尺×五尺四寸		
ホイールベース	八〇吋		
トレッド前×後	四〇吋		
最低地上高（mm）	—		
車両重量	百廿貫		
乗車定員（名）	4		
燃料消費率（km/ℓ）	—		
登坂能力	—		
最小回転半径（m）	—		
エンジン型式、種類	—		
配列気筒数、弁型式	空冷直列4気筒OHV		
内径×行程（mm）	貳吋八分ノ三／三吋四分ノ一		
総排気量	943.8cm³		
圧縮比	—		
最高出力（PS／rpm）	9（馬力）／1800		
最大トルク（kg・m/rpm）	—		
燃料タンク容量（ℓ）	—		
トランスミッション	選択式前進3段後進1段		
ブレーキ	傳動軸ニ壹個／後車輪ニ各壹個		
タイヤ	ワイヤースポーク貳七吋×三吋半		
価格	1,280 円		

岩崎彌太郎の親戚にあたる豊川順彌は1912年（明治45年）に白楊社を設立、1917年に自動車の製造に着手した。

1921年に空冷780ccと水冷1610ccのアレス号を試作、日本の国情には空冷が好ましいと考え空冷アレス号の改良を行い、1924年8月東京から大阪まで40時間のノンストップ走行に成功。車名は豊川家の先祖である大伴氏にちなみ、オートモ号とした。

1925年の東京洲崎のレースでわずか9馬力のオートモ号は200馬力のホール・スコットや160馬力のカーチスなどの高出力車を相手に予選1位、決勝2位という好成績をあげた。また同年の11月には、日本最初の輸出車として、オートモ号が上海に輸出されている。

ダットサン10型

ダット自動車製造
●発売　1932年4月

車名	ダットサン 10 型
型式・車種記号	10 型
全長×全幅×全高 (mm)	2710×1175×—
ホイールベース (mm)	1880
トレッド前×後 (mm)	965
最低地上高 (mm)	—
車両重量 (kg)	約 400
乗車定員 (名)	1
燃料消費率 (km/ℓ)	21 以上
登坂能力	
最小回転半径 (m)	3.85
エンジン型式、種類	
配列気筒数、弁型式	直列 4 気筒
内径×行程 (mm)	54×54
総排気量 (cc)	495
圧縮比	
最高出力 (PS/rpm)	10/3700
最大トルク (kg・m/rpm)	
燃料タンク容量 (ℓ)	10
トランスミッション	摺動選択式 3 速
ブレーキ	機械式 4 輪制動
タイヤ	24 インチ×4.00 インチ
東京地区現金標準価格	—

1911 年(明治 44 年) に橋本増治郎が設立した快進社自動車工場は 1914 年に試作車、脱兎(ダット)号を製作した。その後、実用自動車製造との合併により設立されたダット自動車製造がその名前をダット(DAT)の息子(SON)として 1931 年 8 月にダットソン 10 型を製作、1932 年 4 月にダットサンに名称変更して販売した。

日産自動車に保管されている「ダットサン 1 号車」として有名なモデルは 1933 年 11 月に発表されたダットサン 12 型で、この 10 型が最初に販売されたダットサンである。

ダットサン 10 型の当時のカタログには、ロードスターが 2 種類、フェートンが 2 種類、クーペが 1 種類の合計 5 種類のボディバリエーションが用意されていた。

トヨダ AA 型乗用車

豊田自動織機製作所
●発売　1936年9月（発表）

車名	トヨダ AA 型乗用車
型式・車種記号	AA 型
全長×全幅×全高 (mm)	4737 × 1734 × 1737
ホイールベース (mm)	2851
トレッド前×後 (mm)	1440 × 1450
最低地上高 (mm)	—
車両重量 (kg)	—
乗車定員 (名)	5
燃料消費率 (km/ℓ)	—
登坂能力	—
最小回転半径 (m)	—
エンジン型式、種類	A 型
配列気筒数、弁形式	水冷直列 6 気筒 OHV
内径×行程 (mm)	84 × 102
総排気量 (cc)	3389cc
圧縮比	5.42
最高出力 (PS/rpm)	62/3000
最大トルク (kg・m/rpm)	19.4/1600
燃料タンク容量 (ℓ)	—
トランスミッション	—
ブレーキ	—
タイヤ	—
東京地区現金標準価格	—

豊田自動織機製作所を設立した豊田佐吉は、国産自動車製造が必要と考えていた。その遺志を受け継いだ長男の豊田喜一郎は社内に自動車部を設立し、自動車の開発を進めた。

1933 年（昭和 8 年）式のシボレーを購入して研究し、自動車部最初の A 型エンジンを完成させ、大型乗用車試作第1号である A1 型を製作した。

その後 A 型エンジンを搭載した G1 型トラックの発売を経て、1936 年 9 月 14 日にトヨダ AA 型乗用車を発表した。

発表時の車名表記は「トヨダ」だが、同年の10 月から社名はトヨタに変更され、製品の名称も「トヨタ」の表記が用いられた。

オオタ OD 型フェートン

高速機関工業
●発売　1937年一月

車名	オオタ OD 型
型式・車種記号	OD 型
全長×全幅×全高（mm）	3190 × 1200 × 1565
ホイールベース（mm）	1965
トレッド前×後（mm）	1050
最低地上高（mm）	—
車両重量（kg）	680
乗車定員（名）	4
燃料消費率（km/ℓ）	—
登坂能力	—
最小回転半径（m）	—
エンジン型式、種類	—
配列気筒数、弁型式	水冷直列 4 気筒
内径×行程（mm）	61 × 64
総排気量（cc）	748 ※
圧縮比	—
最高出力（PS/rpm）	12.5（HP）/5000
最大トルク（kg・m/rpm）	—
燃料タンク容量（ℓ）	—
トランスミッション	—
ブレーキ	—
タイヤ	—
東京地区現金標準価格	—

出典：自動車技術会「日本の自動車技術 330 選」より
※同資料に 736cc との記載もあり。

オオタの歴史は、太田祐雄が1912年（明治45年）巣鴨に太田工場を設立したことに始まる。

1920年には水冷4気筒950ccエンジンを搭載した4人乗りフェートンのオオタ1号を完成させ、1922年にはOS号として警視庁から正式にナンバープレートを取得した。

その後、1935年に三井の資本を受け入れて業務を引き継ぐかたちで高速機関工業を設立し、オオタ号の量産に入る。

1937年に発売されたOD型には、フェートンだけでなくセダンやロードスター、カブリオレモデルまで用意されていた。そのデザインは祐雄の長男である太田祐一によるもので、ダットサンなど当時のライバルに対して見劣りしないものであった。

いすゞ PA10 型乗用車

ヂーゼル自動車工業
●試作車完成　1943年9月

車名	いすゞ PA10 型乗用車
型式・車種記号	―
全長×全幅×全高 (mm)	―
ホイールベース (mm)	―
トレッド前×後 (mm)	―
最低地上高 (mm)	―
車両重量 (kg)	―
乗車定員 (名)	―
燃料消費率 (km/ℓ)	約6
登坂能力	―
最小回転半径 (m)	―
エンジン型式、種類	GA60
配列気筒数、弁方式	直列6気筒
内径×行程 (mm)	90×115
総排気量 (ℓ)	4.39
圧縮比	6.2
最高出力 (PS/rpm)	100/3000
最大トルク (kg・m/rpm)	―
燃料タンク容量 (ℓ)	―
トランスミッション	―
ブレーキ	―
タイヤ	―
備考	前輪独立懸架　トーションバー式

1942年(昭和17年)10月、陸軍省および商工省より商工省自動車技術委員会に対して高級乗用車の仕様について検討依頼があった。

委員会ではいすゞの前身であるヂーゼル自動車工業、日産自動車、トヨタ自動車に仕様を提出させ検討した結果、ヂーゼル自動車工業は1943年6月までに試作車を2台完成するように商工省から命令を受け、これをもとに完成させたのがPA10型乗用車である。

フロントにトーションバー式独立懸架を用いたシャシーが完成したのは1943年6月で、ボディ架装は帝国自動車に発注したが、乗用車の経験がなく、諸材料の入手遅れもあり同年9月になって後席に折り畳み式の補助席を備えた7人乗りのボディが完成した。

たま電気乗用車

東京電気自動車
●発売　1947年5月

車名	たま電気乗用車
型式・車種記号	E4S-47-1 型
全長×全幅×全高 (mm)	3035 × 1230 × 1630
ホイールベース (mm)	2000
トレッド前×後 (mm)	—
最低地上高 (mm)	—
車両重量 (kg)	1100
乗車定員 (名)	4
燃料消費率 (km/ℓ)	65 (一充電走行距離)
登坂能力	1/6 勾配
最小回転半径 (m)	—
エンジン型式、種類	—
配列気筒数、弁型式	—
内径×行程 (mm)	—
総排気量 (cc)	—
圧縮比	—
最高出力 (PS/rpm)	—
最大トルク (kg・m/rpm)	—
燃料タンク容量 (ℓ)	—
トランスミッション	—
ブレーキ	—
タイヤ	—
東京地区標準現金価格 (¥)	350,000

戦後直後の極端な石油不足を受けて、立川飛行機が開発した電気乗用車。車体開発は、立川飛行機の下請け会社であった高速機関工業からノウハウを受け継ぎ、モーターやコントローラーは日立から、バッテリーは湯浅(現在のジーエス・ユアサ)から調達した。バッテリーは2つに分けられ、フロアの両側に収納。ケースにはローラーが付けられており、充電済みのバッテリーと素早く交換できるように工夫されていた。

商工省主催の第1回電気自動車性能試験では、他車を圧倒する高性能を発揮して優勝。航続距離96.3km、最高速度35.2km/hという記録は、カタログスペックを上回るものであった。

ダットサン・スタンダードセダン DA 型

日産自動車
●発売　1947年8月（発表）

車名	ダットサン・スタンダードセダン DA 型
型式・車種記号	DA 型
全長×全幅×全高 (mm)	3160×1330×1570
ホイールベース (mm)	2005
トレッド前×後 (mm)	1038×1180
最低地上高 (mm)	—
車両重量 (kg)	—
乗車定員 (名)	4
燃料消費率 (km/ℓ)	—
登坂能力	—
最小回転半径 (m)	6.2
エンジン型式、種類	7型
配列気筒数、弁型式	直列4気筒4サイクル側弁式
内径×行程 (mm)	55×76
総排気量 (cc)	722
圧縮比	5.2
最高出力 (PS/rpm)	15/3600
最大トルク (kg·m/rpm)	3.8/2000
燃料タンク容量 (ℓ)	
トランスミッション	前進3段後進1段　選択摺動
ブレーキ	—
タイヤ	4.00-16-6P
東京地区標準現金価格 (¥)	—

戦後、総司令部により禁止されていた乗用車製造が1500cc以下の小型乗用車に限り解禁されると、日産自動車は1947年（昭和22年）8月に5台の乗用車を完成させる。そのときのモデルが、ダットサン・スタンダードセダンDA型である。

シャシーには、木骨軟鋼外板、軟鋼製補強金具、螺子（ねじ）、木螺子鋲などが用いられ、日産自動車の吉原工場で製造。車体は京浜地区の外注工場（大塚製作所、京浜木材工業、住江製作所、倉田自動車工業、竹内自動車工業など）で製造したものを、架装していた。

しかし、当時は個人での所有が認められておらず、おもに病院や警察、政府、公共団体、タクシーなどで使用された。

トヨペット乗用車 SA 型

トヨタ自動車工業
●発売　1947年10月（生産開始）

車名	トヨペット乗用車 SA 型
型式・車種記号	SA 型
全長×全幅×全高 (mm)	3800 × 1590 × 1530
ホイールベース (mm)	2400
トレッド前×後 (mm)	1300
最低地上高 (mm)	1350
車両重量 (kg)	1170
乗車定員 (名)	4
燃料消費率 (km/ℓ)	—
登坂能力	22%
最小回転半径 (m)	—
エンジン型式、種類	S型
配列気筒数、弁型式	水冷 4 気筒直列側弁式
内径×行程 (mm)	65 × 75
総排気量 (cc)	995
圧縮比	6.5
最高出力 (PS/rpm)	27 (HP) /4000
最大トルク (kg·m/rpm)	5.9/2400
燃料タンク容量 (ℓ)	
トランスミッション	リモートコントロール式3速 MT
ブレーキ	
タイヤ	
東京地区標準現金価格 (¥)	—

トヨタ自動車工業が戦後、初めて世に送り出した小型乗用車。ヨーロッパとアメリカのデザインテイストを融合したボディは、独特の流線型を持つ 2 ドアセダンで、シャシーには日本で初めてバックボーン式フレームを採用するなど、高級乗用車として設計された。パワートレインは、側弁式 (SV) を採用した新開発のS型エンジンに、リモートコントロール式の 3 速MTが組み合わされ、最高速度は 87km/h に達した。サスペンションには、フロントにニーアクションとコイルスプリング、リアに振子式のアクスルと横置き式リーフスプリングを採用。悪路での乗り心地にも定評があったという。

なお、「トヨペット」ブランドとしての第 1 号車であり、1952 年（昭和 27 年）5 月までに、215 台が生産された。

ダットサン・デラックスセダン **DB** 型

日産自動車
●発売　1948年一月

車名	ダットサン・デラックスセダン DB 型
型式・車種記号	DB 型
全長×全幅×全高 (mm)	3500 × 1340 × 1530
ホイールベース (mm)	2005
トレッド前×後 (mm)	1038 × 1180
最低地上高 (mm)	175
車両重量 (kg)	720
乗車定員 (名)	4
燃料消費率 (km/ℓ)	—
登坂能力	—
最小回転半径 (m)	—
エンジン型式、種類	7型
配列気筒数、弁型式	直列4気筒4サイクル側弁式
内径×行程 (mm)	55 × 76
総排気量 (cc)	722
圧縮比	5.2
最高出力 (PS/rpm)	15/3600
最大トルク (kg・m/rpm)	3.8/2000
燃料タンク容量 (ℓ)	—
トランスミッション	—
ブレーキ	—
タイヤ	—
東京地区標準現金価格 (¥)	—

1947年（昭和22年）当時、トヨタ自動車工業や高速機関工業から750cc以上のエンジンを搭載したモデルが発売されると、日産自動車では排気量を860ccに上げて出力を高める研究が続けられていた。その試作エンジンを搭載するために開発された新型車がダットサン・デラックスセダンDB型である。シャシーでは、ウォームドライブをスパイラルベベル式に変更するなど様々な改良が加えられ、ボディのデザインも一新。ボディ製造と架装は、三菱重工業の菱和機器製作所が担当した。

その後、1950年にダットサン・デラックスセダンDB−2型へモデルチェンジ。念願だった860cc D10型エンジンを搭載し、ハイヤーやタクシーのほか、自動車愛好家からも好評を得たという。

トヨペット乗用車 SD 型

トヨタ自動車工業
●発売　1949年11月（生産開始）

車名	トヨペット乗用車 SD 型
型式・車種記号 全長×全幅×全高 (mm) ホイールベース (mm) トレッド前×後 (mm) 最低地上高 (mm)	SD 型 4233 × 1590 × 1570 2413 1315 × 1340 —
車両重量 (kg) 乗車定員 (名)	— 5
燃料消費率 (km/ℓ) 登坂能力 最小回転半径 (m)	— — —
エンジン型式、種類 配列気筒数、弁型式 内径×行程 (mm) 総排気量 (cc) 圧縮比 最高出力 (PS/rpm) 最大トルク (kg·m/rpm) 燃料タンク容量 (ℓ)	S 型 — — — — — — —
トランスミッション ブレーキ タイヤ	— — —
東京地区標準現金価格 (¥)	—

SA型から派生したSD型は、耐久性に定評のあったSB型トラックのシャシーを流用し、乗用車ボディを架装した4ドアセダンである。おもにタクシー用として活躍し、1949年（昭和24年）11月から1952年2月までに665台が生産された。

ボディ架装は、関東電気自動車製造（現在の関東自動車工業）が担当。のちに、東京都品川区のワイルドフィールドモータースも参加し、丸みを帯びたフロントボディが特徴のSDY型、幅広タイヤを装着しトレッドやボディサイズを拡大したSDX型とボディバリエーションを増やした。その後、SDX型はSE型と名称を変更し、176台が生産されている。

オオタ・セダン PA1 型

高速機関工業
●発売　1949年—月

車名	オオタ・セダン PA1 型
型式・車種記号	PA 1 型
全長×全幅×全高 (mm)	3700 × 1440 × 1580
ホイールベース (mm)	2100
トレッド前×後 (mm)	1056 × 1058
最低地上高 (mm)	—
車両重量 (kg)	800
乗車定員 (名)	4
燃料消費率 (km/ℓ)	20
登坂能力	1/5
最小回転半径 (m)	5.010
エンジン型式・種類	E−8 型
配列筒数、弁型式	水冷4気筒側弁式
内径×行程 (mm)	61.5 × 64
総排気量 (cc)	760
圧縮比	6.5
最高出力 (PS/rpm)	20 (HP) /4000
最大トルク (kg·m/rpm)	—
燃料タンク容量 (ℓ)	—
トランスミッション	摺動撰択式前進3段後進1段
ブレーキ	機械式4輪制動内部軸膨張式
タイヤ	5.00-16-4P
東京地区標準現金価格 (¥)	525,000

大正時代から自動車の製造を開始し、1936年(昭和11年)に行われた第一回全日本自動車競走大会においてダットサンを破り優勝するなど小型自動車メーカーとしての地位を確立していた高速機関工業(のちのオオタ自動車)は、1937年、軍命により立川飛行機の傘下に入り、自動車から離れた。しかし戦争が終わると自動車の開発を再開、1947年に早くもHA型セダンを誕生させる。しかし、これはトラックをベースに乗用車タイプのボディを架装したものであった。

そして1949年、戦後に設計した最初のオオタとしてPA1型が発売された。4人乗りの2ドアセダンで、20HPを発揮する4気筒760ccエンジンに3速MTが組み合わされ、最高速度は72km/hを記録したという。

たまセニア

たま電気自動車
●発売　1950年2月

車名	たまセニア
型式・車種記号	EMS-49-Ⅲ型
全長×全幅×全高 (mm)	4200×1570×1565
ホイールベース (mm)	2400
トレッド前×後 (mm)	—
最低地上高 (mm)	—
車両重量 (kg)	1930
乗車定員 (名)	5
燃料消費率 (km/ℓ)	200（一充電走行距離）
登坂能力	1/6 勾配
最小回転半径 (m)	—
エンジン型式、種類	—
配列気筒数、弁型式	—
内径×行程 (mm)	—
総排気量 (cc)	—
圧縮比	—
最高出力 (PS/rpm)	—
最大トルク (kg·m/rpm)	—
燃料タンク容量 (ℓ)	—
トランスミッション	—
ブレーキ	—
タイヤ	6.00-16-6P
東京地区標準現金価格 (¥)	—

戦後初の中型規格車として開発されたたまセニアは、電気自動車であることに加え、横置きリーフスプリングによる前輪独立懸架や油圧ブレーキなどの最新技術を採用した高級乗用車であった。

写真のモデルは、初めて全鋼板製ボディを採用した4ドアの1950年型で、最高速度は55km/hを記録。低速走行時であれば一充電走行距離は200kmと目覚しい進歩を遂げていた。

しかし、同年に勃発した朝鮮動乱によりバッテリーに必要な鉛の価格が高騰。さらに石油が米軍によって大量に放出されたため、内燃機関搭載の自動車が復活し、電気自動車は自然消滅していった。たま乗用電気自動車の合計生産台数は1099台である。

ダットサン・スリフトセダン DS-2 型

日産自動車
●発売　1950年9月

車名	ダットサン・スリフトセダン DS-2 型
型式・車種記号	DS-2 型
全長×全幅×全高 (mm)	3500×1400×1550
ホイールベース (mm)	2005
トレッド前×後 (mm)	1038×1180
最低地上高 (mm)	190
車両重量 (kg)	770
乗車定員 (名)	4
燃料消費率 (km/ℓ)	—
登坂能力	—
最小回転半径 (m)	5.5
エンジン型式、種類	D10 型
配列気筒数、弁型式	直列4気筒4サイクル側弁式
内径×行程 (mm)	60×76
総排気量 (cc)	860
圧縮比	6.5
最高出力 (PS/rpm)	20/3600
最大トルク (kg·m/rpm)	4.9/2400
燃料タンク容量 (ℓ)	
トランスミッション	前進3段後進1段　選択摺動
ブレーキ	
タイヤ	5.00-16-4P
東京地区標準現金価格 (¥)	—

1950年(昭和25年)9月から発売されたダットサン・スリフトセダン DS-2 型は、美しい直線と曲面の調和をとったモダンなスタイリングが特徴の2ドアセダンで、自家用はもちろん、タクシーでも活躍。20PSを発揮する860cc D10型エンジンを搭載し、最高速度は72km/hを記録した。

翌年の1951年には、ボディサイズやホイールベースを拡大するなど、大幅な変更を受けたDS-4型を発売。同年7月に一旦、生産を中止したが、2ヵ月後の9月には再び生産を開始し、スリフトセダンとしてはDS-5型までフェイスリフトが続けられ、1954年まで販売されている。

ヘンリーJ

東日本重工業
●発売　1951年3月

車名	ヘンリーJ		
型式・車種記号	—		
全長×全幅×全高 (mm)	4616×1778×1514		
ホイールベース (mm)	2540		
トレッド前×後 (mm)	1372×1372		
最低地上高 (mm)	190		
車両重量 (kg)	—		
乗車定員 (名)	—		
燃料消費率 (km/ℓ)	12.05		
登坂能力	—		
最小回転半径 (m)	5.4		
エンジン型式、種類	—		
配列気筒数、弁型式	—		
内径×行程 (mm)	79.4×111.1		
総排気量 (cc)	2199		
圧縮比	7.0		
最高出力 (PS/rpm)	68 (HP) /4000		
最大トルク (kg・m/rpm)	15.07/1800		
燃料タンク容量 (ℓ)	49.2		
トランスミッション	—		
ブレーキ	—		
タイヤ	5.90×15		
東京地区標準現金価格 (¥)	—		

三菱重工業の財閥解体を受けて誕生した東日本重工業が、アメリカのカイザーフレイザー社と提携し、ノックダウン生産したアメリカンコンパクト。コンパクトモデルといえども、当時の日本では十分すぎる車格を誇っていた。

車種構成は、4気筒エンジンの「コルセアー」と、80HPを発揮する2638cc6気筒エンジンの「コルセアーデラックス」が用意され、当初は左ハンドル仕様のみの生産だったが、のちに右ハンドル仕様も追加設定された。

1954年(昭和29年)まで月間30台のペースで生産されたが、カイザーフレイザー社の吸収合併により、ヘンリーJ自体の生産が中止となってしまい、その後は提携を解消する結果となった。

オートサンダル

日本オートサンダル自動車
●発売　1951年6月（発表）

車名	オートサンダル ロードスターロリー
型式・車種記号	—
全長×全幅×全高 (mm)	2810×1200×1240
ホイールベース (mm)	1570
トレッド前×後 (mm)	—
最低地上高 (mm)	—
車両重量 (kg)	400
乗車定員 (名)	2
燃料消費率 (km/ℓ)	—
登坂能力	—
最小回転半径 (m)	—
エンジン型式、種類	
配列気筒数、弁型式	水冷2サイクル2気筒
内径×行程 (mm)	—
総排気量 (cc)	238
圧縮比	—
最高出力 (PS/rpm)	10 (HP) /5000
最大トルク (kg・m/rpm)	—
燃料タンク容量 (ℓ)	—
トランスミッション	—
ブレーキ	—
タイヤ	4.00-12
東京地区標準現金価格 (¥)	—

1951年（昭和26年）6月に中野自動車工業から発表された軽乗用車のパイオニア。同年に公布された道路運送車両法に合わせて、中日本重工業（現・三菱自動車工業）製4サイクル単気筒348ccを搭載したRR方式の2シーターオープンカーを作り上げたのが、オートサンダルである。

続いて発売された1952年型は、ボンネットを長くしたスポーツカースタイルへ進化。1953年型は、トランスミッションを強化して走行性能を高めていた。

写真は、1954年に発売された最終型のロードスターロリーで、10HPを発揮する238ccエンジンやFF方式などの新機構を採用し、自動車らしいルックスと最高速度70km/hの性能を手に入れたモデルであった。

トヨペット乗用車 SF 型

トヨタ自動車工業
●発売　1951年8月（発表）

車名	トヨペット乗用車 SF 型
型式・車種記号	SF 型
全長×全幅×全高（mm）	4280×1590×1600
ホイールベース（mm）	2500
トレッド前×後（mm）	1325
最低地上高（mm）	1350
車両重量（kg）	—
乗車定員（名）	5
燃料消費率（km/ℓ）	—
登坂能力	35%
最小回転半径（m）	5.43
エンジン型式、種類	S型
配列気筒数、弁型式	—
内径×行程（mm）	—
総排気量（cc）	995
圧縮比	—
最高出力（PS/rpm）	—
最大トルク（kg·m/rpm）	—
燃料タンク容量（ℓ）	—
トランスミッション	—
ブレーキ	—
タイヤ	—
東京地区標準現金価格（¥）	—

1951年（昭和26年）8月から1953年8月までに計3635台を生産し、トヨペットブランドの価値を高めた大ヒットモデルである。SD型がトラックベースのシャシーを流用していたのに対し、SF型はシャシーやフレームを再設計。ホイールベースを延長し、筒型ショックアブソーバや振動数の少ないスプリングを採用するなど、居住性と乗り心地を大幅に向上させたことが特徴だった。

発売当初から、ボディはトヨタ自動車工業が設計して荒川鈑金工業で製造したSF型、関東自動車工業が設計し製造したSFK型、三菱中日本重工が設計し製造したSFN型の3タイプが用意されていた。

オオタ4ドアセダン PB 型

高速機関工業
●発売　1951年一月

車名	オオタ4ドアセダン PB 型
型式・車種記号	PB 型
全長×全幅×全高 (mm)	3875 × 1472 × 1588
ホイールベース (mm)	2210
トレッド前×後 (mm)	1200 × 1200
最低地上高 (mm)	—
車両重量 (kg)	930
乗車定員 (名)	4
燃料消費率 (km/ℓ)	—
登坂能力	—
最小回転半径 (m)	—
エンジン型式、種類	E−9 型
配列気筒数、弁型式	水冷式直列4気筒側弁式
内径×行程 (mm)	61.5 × 76
総排気量 (cc)	903
圧縮比	—
最高出力 (PS/rpm)	22 (HP)
最大トルク (kg・m/rpm)	—
燃料タンク容量 (ℓ)	—
トランスミッション	—
ブレーキ	—
タイヤ	—
東京地区標準現金価格 (¥)	—

PA1型、PA2型に続いて1951年（昭和26年）に発売された4人乗りセダン。自家用のみではなく、タクシーなどの営業用に使われることを考慮して4ドアボディとされた。

シャシーは、Xメンバー付き低床式フレームに全鋼製ボディを架装したもので、スプリングやショックアブソーバなどは、乗り心地を重視したセッティングが施されており、本格的な乗用車を目指して開発されていた。

エンジンには、新開発された903cc水冷直列4気筒のE−9型を搭載し、最大出力は22HPを発揮した。PB型は、E−9型エンジンの完成に合わせて開発された試作モデルの要素が強く、生産台数100台あまりだったが、海外にも輸出されたという。

ダイハツ BEE

発動機製造
●発売　1951年—月

車名	ダイハツ BEE
型式・車種記号	BEE 型
全長×全幅×全高 (mm)	4080×1480×1440
ホイールベース (mm)	2400
トレッド前×後 (mm)	1200 (後のみ)
最低地上高 (mm)	170
車両重量 (kg)	960
乗車定員 (名)	4
燃料消費率 (km/ℓ)	—
登坂能力	—
最小回転半径 (m)	3.8
エンジン型式、種類	—
配列気筒数、弁型式	強制空冷4サイクル水平対向2気筒頭上弁式
内径×行程 (mm)	—
総排気量 (cc)	804
圧縮比	—
最高出力 (PS/rpm)	18 (HP)
最大トルク (kg・m/rpm)	—
燃料タンク容量 (ℓ)	—
トランスミッション	前進3段後進1段
ブレーキ	—
タイヤ	—
東京地区標準現金価格 (¥)	—

まだ、社名が発動機製造であったころのダイハツ工業が初めて市販した3輪乗用車。ミツバチを連想させるユニークなスタイリングに、日本初の水平対向2気筒エンジンを搭載し、3輪トラックで培われた高い走行性能などでユーザーから好評を得て、タクシー業界などでも活躍した。

しかし、当時、国内の乗用車市場は小型4輪乗用車が徐々に増加してきており、さらに生産においては手作業の工程が多かったため、大量に生産販売する体制が整わず、発売から約1年で生産を中止せざるを得ず、しばらく乗用車市場から遠ざかることとなった。300台ほどが世に出た稀少車である。

ダットサン・スポーツ DC-3 型

日産自動車
●発売　1952年1月（発表）

車名	ダットサン・スポーツ DC-3 型
型式・車種記号	DC-3 型
全長×全幅×全高 (mm)	3510×1360×1450
ホイールベース (mm)	2150
トレッド前×後 (mm)	1048×1180
最低地上高 (mm)	
車両重量 (kg)	750
乗車定員 (名)	4
燃料消費率 (km/ℓ)	—
登坂能力	—
最小回転半径 (m)	—
エンジン型式、種類	D10 型
配列気筒数、弁型式	直列4気筒4サイクル側弁式
内径×行程 (mm)	60×76
総排気量 (cc)	860
圧縮比	6.5
最高出力 (PS/rpm)	20/3600
最大トルク (kg·m/rpm)	4.9/2400
燃料タンク容量 (ℓ)	
トランスミッション	前進3段後進1段　選択摺動
ブレーキ	—
タイヤ	5.50-15-4P
東京地区標準現金価格 (¥)	—

戦後初めての国産スポーツカーとして開発されたダットサン・スポーツDC-3型は、1952年（昭和27年）1月に発売された。ビジネスユースからスポーツ走行まで対応する実用性と娯楽性を兼ね備えたモデルで、特徴的なドロップヘッドボディがスポーティなエクステリアを演出。フロントウインドウは前方に倒すことが可能だった。

インテリアには、専用にデザインされたメーター類、ビニールレザー張りの4人乗りスポーツシートを採用。シャシーも特別にチューニングされ、軽快でスピード感溢れる走りが楽しめたという。

プリンス・セダン AISH-Ⅰ型

プリンス自動車工業
●発売　1952年3月

車名	プリンス・セダン AISH-Ⅰ型
型式・車種記号	AISH-Ⅰ型
全長×全幅×全高 (mm)	4290×1596×1590
ホイールベース (mm)	2460
トレッド前×後 (mm)	―
最低地上高 (mm)	―
車両重量 (kg)	1116
乗車定員 (名)	6
燃料消費率 (km/ℓ)	―
登坂能力	―
最小回転半径 (m)	―
エンジン型式、種類	FG4A-10 型
配気筒数、弁型式	直列4気筒 OHV
内径×行程 (mm)	75×84
総排気量 (cc)	1484
圧縮比	6.5
最高出力 (PS/rpm)	45/4000
最大トルク (kg·m/rpm)	10/2000
燃料タンク容量 (ℓ)	―
トランスミッション	前進4段後進1段　2,3,4 速シンクロメッシュ式
ブレーキ	
タイヤ	5.00-16-4P
東京地区標準現金価格 (¥)	1,320,000

戦後の国産乗用車として初めて1500ccクラスのエンジンを搭載した高級セダン。開発にあたっては、戦後、電気自動車を製造していた、たま自動車がボディ関係を担当し、エンジンは旧中島飛行機の富士精密工業が担当した。

搭載された1484ccエンジンは45PSを発揮、リモートコントロール式4速コラムシフトと組み合わされ、最高速度110km/hという高性能だったが、大学初任給が1万円だった時代に132万円という価格設定は、まさに高嶺の花であり、ほとんどが企業や官庁、タクシーでの使用であった。

このプリンス・セダンの発売を期に、たま自動車はプリンス自動車工業に名称変更。その後、富士精密工業がプリンス自動車工業を吸収合併している。

日野ルノー PA 型

日野ヂーゼル工業
●発売　1953年4月（1953年3月発表）

車名	日野ルノー PA 型
型式・車種記号	PA 型
全長×全幅×全高 (mm)	3610×1430×1480
ホイールベース (mm)	2100
トレッド前×後 (mm)	1210×1210
最低地上高 (mm)	—
車両重量 (kg)	560
乗車定員 (名)	4
燃料消費率 (km/ℓ)	—
登坂能力	—
最小回転半径 (m)	—
エンジン型式、種類	
配列気筒数、弁型式	4気筒 OHV
内径×行程 (mm)	54.5×80
総排気量 (cc)	748
圧縮比	7.25
最高出力 (PS/rpm)	21（HP）/4000
最大トルク (kg・m/rpm)	—
燃料タンク容量 (ℓ)	—
トランスミッション	前進3段後進1段
ブレーキ	—
タイヤ	5.00-15-2P
東京地区標準現金価格 (¥)	850,000

大型バスやトラックを製造していた日野ヂーゼル工業が乗用車市場へ進出するため、フランスのルノー公団と技術提携してノックダウン生産を開始した第1号車。もとになったモデルは、軽量コンパクトなモノコックボディに全輪独立懸架式サスペンションなどを採用し、高い完成度を誇っていたルノー4CVであった。

発売当初は自家用を対象にしていたが、まだマイカー時代には程遠く、おもにタクシー業界で活躍。その優れた性能や耐久性で、「神風タクシー」として活躍した。

その後、1955年（昭和30年）にPA55型、1956年にPA56型へと進化し、1957年9月には、ノックダウン生産ではなくほぼ100％の国産化生産に成功。のちのオリジナルの乗用車開発に大きく貢献するのである。

オースチン A40 サマーセットサルーン

日産自動車
●発売　1953年5月（発表）

車名	オースチン A40 サマーセットサルーン
型式・車種記号	A40型
全長×全幅×全高 (mm)	4050×1600×1630
ホイールベース (mm)	2350
トレッド前×後 (mm)	1220×1270
最低地上高 (mm)	—
車両重量 (kg)	1020
乗車定員 (名)	4
燃料消費率 (km/ℓ)	—
登坂能力	—
最小回転半径 (m)	5.65
エンジン型式、種類	1G型
配列気筒数、弁型式	直列4気筒4サイクル頭上弁式
内径×行程 (mm)	65.48×88.9
総排気量 (cc)	1197
圧縮比	7.2
最高出力 (PS/rpm)	42/4500
最大トルク (kg·m/rpm)	8.6/2200
燃料タンク容量 (ℓ)	
トランスミッション	前進4段後進1段　等速噛合
ブレーキ	
タイヤ	5.25-16-6P
東京地区標準現金価格 (¥)	—

日産自動車が英国オースチン社との技術提携により、鶴見オースチン工場で組立作業を行なったノックダウン車の第1号。当初はタイヤやバッテリー、平ガラスのみを国産製としていたが、徐々に国産パーツが増えていき、1954年（昭和29年）には、スプリングやフォームラバーなどを含め計224点にものぼった。

1954年9月に本国でフルモデルチェンジが実施されオースチンA50となると、その3ヵ月後の12月には、早くもA40からA50へ生産を切り換えている。これにより、部品の国産化も振り出しに戻った状態であったが、1955年8月にはパーツの過半数を国産化。同時期に来日した本社の技術者から最大の賛辞を得たという。

プリンス・セダン AISH−Ⅱ型

プリンス自動車工業
●発売　1953年6月

車名	プリンス・セダン AISH- Ⅱ型
型式・車種記号	AISH-Ⅱ型
全長×全幅×全高 (mm)	4290×1655×1633
ホイールベース (mm)	2460
トレッド前×後 (mm)	—
最低地上高 (mm)	—
車両重量 (kg)	1254
乗車定員 (名)	6
燃料消費率 (km/ℓ)	—
登坂能力	—
最小回転半径 (m)	—
エンジン型式、種類	FG4A-10 型
配列気筒数、弁型式	直列4気筒 OHV
内径×行程 (mm)	75×84
総排気量 (cc)	1484
圧縮比	6.5
最高出力 (PS/rpm)	45/4000
最大トルク (kg·m/rpm)	10/2000
燃料タンク容量 (ℓ)	—
トランスミッション	前進4段後進1段　2,3,4 シンクロメッシュ式
ブレーキ	—
タイヤ	5.90-15-4P
東京地区標準現金価格 (¥)	1,320,000

戦後初の1500ccエンジン搭載車であるプリンス・セダンAISH−Ⅰ型のマイナーチェンジモデルで、1953年(昭和28年)6月に発売された。居住性を向上させるため、全幅を59mm拡大して1655mmとしたが、スタイリングの変更はノーズの一部程度であった。

1954年3月からは1954年型として販売されたが、おもだった仕様変更はなく、その後、4回にわたり価格変更が実施され、最終的には96万円で販売された。

当時、皇太子殿下(現在の天皇陛下)のご愛用車でもあり、現在も日産自動車に保存されている。

トヨペット・スーパー RHN 型

トヨタ自動車工業
●発売　1953年9月（発表）

車名	トヨペット・スーパー RHN 型
型式・車種記号	RHN 型
全長×全幅×全高 (mm)	4280 × 1590 × 1600
ホイールベース (mm)	2500
トレッド前×後 (mm)	1325 × 1350
最低地上高 (mm)	—
車両重量 (kg)	—
乗車定員 (名)	5
燃料消費率 (km/ℓ)	—
登坂能力	45％
最小回転半径 (m)	—
エンジン型式、種類	R型
配列気筒数、弁型式	水冷4気筒直列頭上弁式
内径×行程 (mm)	77 × 78
総排気量 (cc)	1453
圧縮比	6.8
最高出力 (PS/rpm)	48（HP）/4000
最大トルク (kg·m/rpm)	10/2400
燃料タンク容量 (ℓ)	—
トランスミッション	—
ブレーキ	—
タイヤ	—
東京地区標準現金価格 (¥)	928,000（工場渡し）

新開発の1500cc R型エンジンを搭載した5人乗り4ドアセダン。SF型乗用車をベースとしていたが、サイドフレームの板厚を高め、クロスメンバーを改良することなどにより、優れたボディ剛性を実現した。

また、クラッチ容量の増大やトランスミッションおよびデファレンシャルギア比の変更、大容量のガソリンタンクを採用し、エンジンの排気量アップに対応。S型エンジン搭載車に比べ、走行性能や乗り心地、経済性を高めることに成功したのである。

ボディは、関東自動車工業製のRHK型と三菱中日本重工業社製のRHN型を用意。大きく異なるデザインのグリルやランプを採用して、それぞれの個性をアピールしていた。

ヒルマン・ミンクスⅥ型

いすゞ自動車

●発売　1953年10月（発表）

車名	ヒルマン・ミンクスⅥ型
型式・車種記号	PH10型
全長×全幅×全高（mm）	4000×1575×1524
ホイールベース（mm）	2362
トレッド前×後（mm）	1235×1232
最低地上高（mm）	─
車両重量（kg）	956
乗車定員（名）	4
燃料消費率（km/ℓ）	─
登坂能力	─
最小回転半径（m）	─
エンジン型式、種類	─
配列気筒数、弁型式	直列4気筒サイドバルブ
内径×行程（mm）	65×95
総排気量（cc）	1265
圧縮比	6.63
最高出力（PS/rpm）	37.5（HP）/4200
最大トルク（kg・m/rpm）	8.0/2000
燃料タンク容量（ℓ）	─
トランスミッション	前進4段後進1段
ブレーキ	─
タイヤ	5.50-15-6P
東京地区標準現金価格（¥）	─

いすゞ自動車が、英国ルーツモーターズと技術提携し、CKD（コンプリートノックダウン）生産していた乗用車。第1号車は1953年（昭和28年）10月に完成した。

写真は、37.5HPを発揮するサイドバルブ1265ccエンジンを搭載した4人乗りのⅥ型で、その後、1955年には43HPの1390cc OHVエンジンを搭載し、5人乗りを実現したⅧ型がデビュー。ツートンカラーボディが美しいⅧ-A型の設定も話題となった。

生産当初は、タイヤ、バッテリーなど限られた部品のみが国産であったが、すぐにガラスや内張り、メーターや電装品を国産化。1956年にはエンジンを、翌年10月にはすべての部品の完全国産化に成功している。

オオタ4ドアセダン PA6 型

オオタ自動車工業
●発売 1953年一月

車名	オオタ4ドアセダン PA6 型
型式・車種記号	PA6 型
全長×全幅×全高 (mm)	3830 × 1480 × 1580
ホイールベース (mm)	2100
トレッド前×後 (mm)	1100 × 1150
最低地上高 (mm)	—
車両重量 (kg)	970
乗車定員 (名)	4
燃料消費率 (km/ℓ)	16
登坂能力	—
最小回転半径 (m)	—
エンジン型式、種類	E-9 型
配列気筒数、弁型式	水冷式直列4気筒側弁式
内径×行程 (mm)	61.5 × 76
総排気量 (cc)	903
圧縮比	6.5
最高出力 (PS/rpm)	26 (HP) /4200
最大トルク (kg·m/rpm)	—
燃料タンク容量 (ℓ)	—
トランスミッション	—
ブレーキ	—
タイヤ	5.00-16
東京地区標準現金価格 (¥)	—

1948年（昭和23年）にPA1型を発売して以来、オオタのPA型乗用車は、ボディやグリルの形状を変更したPA2型、ボディの一新に加え、油圧ブレーキやサスペンションを改良したPA3型、車体剛性を高めてE-9型エンジンを搭載したPA4型、タクシーでの使用を考慮して4ドア化したPA5型と進化してきた。この間、1952年に高速機関工業からオオタ自動車工業へ社名を変更している。このPA5型に、最高出力を高めたE-9型エンジンを搭載し、各機構部に改良を加えたモデルがPA6型である。1953年から1954年にわたって発売されたが、トヨタ自動車工業や日産自動車などライバルメーカーには太刀打ちできず、低調な販売に終わってしまった。

NJ（ニッケイタロー）

日本自動車工業
●発売　1953年—月

車名	NJ（ニッケイタロー）
型式・車種記号	A型（車台型式 C-1）
全長×全幅×全高（mm）	2830×1200×1200
ホイールベース（mm）	1650
トレッド前×後（mm）	1000（フロントのみ）
最低地上高（mm）	150
車両重量（kg）	450
乗車定員（名）	2
燃料消費率（km/ℓ）	23
登坂能力	25%
最小回転半径（m）	4.0
エンジン型式、種類	VA-1型
配列気筒数、弁型式	空冷4サイクルV型2気筒頭上弁式
内径×行程（mm）	60×63
総排気量（cc）	358
圧縮比	7.0
最高出力（PS/rpm）	12（HP）/4000
最大トルク（kg·m/rpm）	2.0
燃料タンク容量（ℓ）	9.0
トランスミッション	前進3段後進1段　撰択摺動歯車式
ブレーキ	後：機械式内部拡張式
タイヤ	4.00-12-4P
東京地区標準現金価格（¥）	—

日本自動車工業が1953年（昭和28年）に発売した4輪乗用車で、当初は「NJ」とネーミングされていた。

当時の最新技術であったモノコックボディをいち早く採用したシャシーには、自社で設計、生産した空冷V型2気筒OHVの358ccエンジンをリアに搭載。3段マニュアルトランスミッションを介して後輪を駆動した。

1956年、日本自動車工業は日本軽自動車と名称を変更。シャシーが新型化されてオーソドックスなFRの採用や、2＋2ロードスターなどの新タイプボディが追加設定された。それにともない車名を「ニッケイタロー」と改めている。その後も生産が続けられたが、当初のような人気を得られぬまま1957年に生産を中止した。

ダットサン・コンバーセダン DS-6 型

日産自動車
●発売　1954年6月

車名	ダットサン・コンバーセダン DS-6 型
型式・車種記号	DS-6 型
全長×全幅×全高 (mm)	3825 × 1462 × 1518
ホイールベース (mm)	2150
トレッド前×後 (mm)	1048 × 1180
最低地上高 (mm)	—
車両重量 (kg)	920
乗車定員 (名)	4
燃料消費率 (km/ℓ)	—
登坂能力	—
最小回転半径 (m)	5.6
エンジン型式、種類	B型
配列気筒数、弁型式	直列4気筒4サイクル側弁式
内径×行程 (mm)	60 × 76
総排気量 (cc)	860
圧縮比	6.5
最高出力 (PS/rpm)	25/4000
最大トルク (kg·m/rpm)	5.1/2400
燃料タンク容量 (ℓ)	
トランスミッション	前進3段後進1段選択摺動
ブレーキ	—
タイヤ	5.50-15-4P
東京地区標準現金価格 (¥)	—

日産自動車が乗用車量産のための車種整理を実施した際、スリフトセダンに替わり販売された4ドアセダン。車名の由来は「Convenient car」の略で、「便利に使えるクルマ」という意味が込められていた。

エクステリアは、よりモダンなデザインへと生まれ変わり、スリフトセダンに対して車体強度と剛性を強化。耐久性を大幅に高めながら、車両重量を低減したことが特徴であった。しかし、ボディに難点が発覚してしまい、販売は成功したとはいい難かったという。この教訓を活かした日産自動車は、今まで外注に依存していた乗用車ボディを、内製に切り換えていくのである。

オオタ4ドアセダン PH1 型

オオタ自動車工業
●発売　1954年一月

車名	オオタ4ドアセダン PH1 型
型式・車種記号	PH1 型
全長×全幅×全高 (mm)	3830×1480×1550
ホイールベース (mm)	2100
トレッド前×後 (mm)	1100×1150
最低地上高 (mm)	—
車両重量 (kg)	950
乗車定員 (名)	4
燃料消費率 (km/ℓ)	16
登坂能力	—
最小回転半径 (m)	—
エンジン型式、種類	E-9 型
配列気筒数、弁型式	水冷式直列4気筒側弁式
内径×行程 (mm)	61.5×76
総排気量 (cc)	903
圧縮比	6.5
最高出力 (PS/rpm)	26/4200
最大トルク (kg·m/rpm)	—
燃料タンク容量 (ℓ)	—
トランスミッション	—
ブレーキ	—
タイヤ	5.00-16
東京地区標準現金価格 (¥)	—

PA型とシャシーやエンジンを共通化して開発された4ドア4人乗りのセダン。サッシュドアや全面曲面ガラスを採用したスタイリッシュなボディは全鋼製で、PA型に比べ約20kgの軽量化を実現していた。

すばる1500P-1型

富士重工業

●発売　1954年─月（試作車発表）

車名	すばる1500P-1型
型式・車種記号	P-1型
全長×全幅×全高 (mm)	4235×1670×1520
ホイールベース (mm)	2535
トレッド前×後 (mm)	─
最低地上高 (mm)	─
車両重量 (kg)	1178
乗車定員 (名)	6
燃料消費率 (km/ℓ)	─
登坂能力	─
最小回転半径 (m)	─
エンジン型式、種類	L4型
配列気筒数、弁型式	水冷4サイクル4気筒OHV
内径×行程 (mm)	─
総排気量 (cc)	1485
圧縮比	─
最高出力 (PS/rpm)	55/4400
最大トルク (kg·m/rpm)	11/2700
燃料タンク容量 (ℓ)	─
トランスミッション	─
ブレーキ	─
タイヤ	─
東京地区標準現金価格 (¥)	─

富士重工業が試作開発した6人乗りの本格乗用セダンである。1951年（昭和26年）、バスのボディメーカーだった富士自動車工業は、乗用車の生産制限が解除されたことを受けて、国産乗用車の開発を目指していた。エンジンは、富士産業の第二会社の富士精密工業から供給されることになっていたが、同社は乗用車のプリンスを開発し、富士重工業の創設に参加しなかったため、急きょ大宮富士株式会社が担当することとなった。

P-1型は、モノコックボディに1485cc水冷式直列4気筒OHVエンジンを搭載し、フロントにダブルウイッシュボーン式、リアに3/4浮動式サスペンションを採用した画期的なモデルだったが、試作車20台が生産されたのみで、市販化には至らなかった。

40

トヨペット・クラウン

トヨタ自動車工業
●発売　1955年1月（発表）

車名	トヨペット・クラウン
型式・車種記号	RS 型
全長×全幅×全高 (mm)	4285 × 1680 × 1525
ホイールベース (mm)	2530
トレッド前×後 (mm)	1326 × 1370
最低地上高 (mm)	200
車両重量 (kg)	1210
乗車定員 (名)	6
燃料消費率 (km/ℓ)	14
登坂能力	1/3
最小回転半径 (m)	5.5
エンジン型式、種類	R型
配列気筒数、弁型式	水冷4気筒直列頭上弁式
内径×行程 (mm)	77 × 78
総排気量 (cc)	1453
圧縮比	6.8
最高出力 (PS/rpm)	48 (HP) /4000
最大トルク (kg·m/rpm)	10/2400
燃料タンク容量 (ℓ)	45
トランスミッション	コラムシフト3速 MT
ブレーキ	油圧式
タイヤ	6.40-15-4P
東京地区標準現金価格 (¥)	—

トヨタ自動車工業が、純国産乗用車として初めて開発した6人乗りの4ドアセダン。タクシー業界からの要望もあり、観音開きドアを採用していた。それまでのトヨタ車は、シャシーとボディを別々に設計、生産していたが、このRS型はともに同社の挙母工場で生産されることとなった。

エクステリアは、車幅を当時の小型車枠いっぱいまで広げてアメリカンテイスト溢れるダイナミックなスタイルを実現。エンジンは、トヨペット・スーパーで実証済みのR型を搭載していた。シャシー関連では、ニーアクション式独立懸架フロントサスペンションや、欧州車でも使用例のなかったハイポイドギアをデファレンシャルケース内の減速歯車に採用するなど、当時の最新技術が満載されていた。

トヨペット・マスター

トヨタ自動車工業
●発売　1955年1月（発表）

車名	トヨペット・マスター
型式・車種記号	RR 型
全長×全幅×全高 (mm)	4275 × 1670 × 1550
ホイールベース (mm)	2530
トレッド前×後 (mm)	1317 × 1370
最低地上高 (mm)	200
車両重量 (kg)	1210
乗車定員 (名)	6
燃料消費率 (km/ℓ)	14
登坂能力	31%
最小回転半径 (m)	5.5
エンジン型式、種類	R型
配列気筒数、弁型式	水冷4気筒直列頭上弁式
内径×行程 (mm)	77 × 80
総排気量 (cc)	1453
圧縮比	6.8
最高出力 (PS/rpm)	48 (HP) /4000
最大トルク (kg·m/rpm)	10/2400
燃料タンク容量 (ℓ)	41.6
トランスミッション	コラムシフト3速 MT
ブレーキ	油圧式
タイヤ	6.00-16-6P
東京地区標準現金価格 (¥)	—

トヨペット・クラウンRS型と並行して開発された6人乗りの4ドアセダンで、エンジンやトランスミッションなど多くの部分を共通化していたが、フロントサスペンションは耐久性に優れていた I（アイ）ビーム式車軸が採用された。これは、トヨペット・マスターがおもにタクシーなどの営業車として開発されていたために、耐久性を考慮してこの方式となったのである。

1956年（昭和31年）11月、計7403台をもって生産が中止されたが、リアスプリングやタイヤなどを変更したシャシーに、関東自動車工業製のコマーシャルボディを取り付けたトヨペット・マスターライン・ピックアップRR16型などが開発され、乗用車から生まれた新しい商用車として愛用された。

オースチン A50 ケンブリッジサルーン

日産自動車

●発売　1955年2月（発表）

車名	オースチン A50 ケンブリッジサルーン
型式・車種記号	A50 型
全長×全幅×全高 (mm)	4110×1550×1550
ホイールベース (mm)	2510
トレッド前×後 (mm)	1220×1240
最低地上高 (mm)	180
車両重量 (kg)	1020
乗車定員 (名)	5
燃料消費率 (km/ℓ)	17
登坂能力	sin θ 0.39
最小回転半径 (m)	5.5
エンジン型式、種類	1H 型
配列気筒数、弁型式	直列4気筒4サイクル頭上弁式
内径×行程 (mm)	73×89
総排気量 (cc)	1489
圧縮比	7.2
最高出力 (PS/rpm)	50/4400
最大トルク (kg·m/rpm)	10.2/2100
燃料タンク容量 (ℓ)	37
トランスミッション	前進4段後進1段　等速噛合
ブレーキ	油圧式
タイヤ	5.60-15-6P
東京地区標準現金価格 (¥)	―

英国オースチンA40の後継モデルで、一新したエクステリア、安定した走行や快適な乗り心地をもたらす独自のボディ構造に、50PSを発揮する1489ccエンジンを搭載。最高速度128km/hという記録は、当時としては破格であった。

また、日産自動車が他社に先駆けて1956年（昭和31年）5月に、完全国産化を実現した記念すべきモデルでもある。エンジンの国産化に対して、日立精機と芝浦製作所の協力により、日本初のトランスファーマシンを製作するなど、コピーやモディファイの域を超えるものとなり、その後の乗用車作りに大きく貢献するのである。

その後、1957年に6人乗り車、1958年に2連キャブレターなどを採用して57PSに出力を高めた1959年型などを発売している。

ダットサン 110 型セダン

日産自動車
●発売　1955年5月（発表）

車名	ダットサン 110 型セダン
型式・車種記号 全長×全幅×全高 (mm) ホイールベース (mm) トレッド前×後 (mm) 最低地上高 (mm)	A110 型 3860×1466×1540 2220 1186×1180 162
車両重量 (kg) 乗車定員 (名)	890 4
燃料消費率 (km/ℓ) 登坂能力 最小回転半径 (m)	20 sin θ 0.39、0.34 5.2
エンジン型式、種類 配列気筒数、弁型式 内径×行程 (mm) 総排気量 (cc) 圧縮比 最高出力 (PS/rpm) 最大トルク (kg·m/rpm) 燃料タンク容量 (ℓ)	B型 直列4気筒4サイクル側弁式 60×76 860 6.5 25/4000 5.1/2400 32.5
トランスミッション ブレーキ タイヤ	前進4段後進1段　等速噛合 油圧式 5.00-15-4P
東京地区標準現金価格 (¥)	―

まったく新しいダットサン車として設計された4ドアセダン。開発は1949年（昭和24年）3月ころから始まっており、その過程でオースチン国産化の技術などが取り入れられた。乗用車用ボディを外注から内製に転換した第1号車でもあった。

ボディを完全プレス製にしたことで、エクステリアデザインは、より近代的に進化。シャシー関係も一新され、操縦安定性や乗り心地の改善、耐久性と経済性の大幅な向上などを実現した。1954年9月から始められたテスト走行は、1日800km以上を走るという過酷なものだったが、約3万キロを重大なトラブルもなく走破したという。

販売面でも好調に推移し、一時は商用車を担当していた横浜工場が平行生産するほどであった。

スズライト・セダン

鈴木自動車工業
●発売　1955年10月（発表）

車名	スズライト・セダン
型式・車種記号 全長×全幅×全高 (mm) ホイールベース (mm) トレッド前×後 (mm) 最低地上高 (mm)	SF 型 2990×1295×1400 2000 1050×1050 —
車両重量 (kg) 乗車定員 (名)	520 4
燃料消費率 (km/ℓ) 登坂能力 最小回転半径 (m)	— — —
エンジン型式、種類 配列気筒数、弁型式 内径×行程 (mm) 総排気量 (cc) 圧縮比 最高出力 (PS/rpm) 最大トルク (kg・m/rpm) 燃料タンク容量 (ℓ)	空冷2気筒2サイクル並列 59×66 360 6.7 16/4200 3.2/3200 —
トランスミッション ブレーキ タイヤ	前進3段後進1段 — 4.00-16-4P
東京地区標準現金価格 (¥)	420,000

鈴木自動車工業が、4輪自動車市場へ進出を果たすために開発したスズライトSF型のセダンボディタイプ（SS）で、軽4輪乗用車のパイオニアともいえるモデルである。

ドイツ車のロイトを参考にして開発されたというスズライトSF型は、ドライブシャフトのユニバーサルジョイントに日本で初めて等速ジョイントを採用し、当時、技術的に困難とされていたFF方式を実現。さらにコイルスプリングによる全輪独立懸架方式、ラックアンドピニオン式ステアリングなどの技術が盛り込まれた意欲作であった。

しかし、乗用タイプのセダンは、当時15％の物品税が掛かり割高だったため、車種統合により生産中止となってしまった。

ダットサン 112 型セダン

日産自動車
●発売　1955年12月

車名	ダットサン 112 型セダン
型式・車種記号	A112 型
全長×全幅×全高 (mm)	3860 × 1466 × 1540
ホイールベース (mm)	2220
トレッド前×後 (mm)	1186 × 1180
最低地上高 (mm)	162
車両重量 (kg)	1110
乗車定員 (名)	4
燃料消費率 (km/ℓ)	約 19
登坂能力	—
最小回転半径 (m)	5
エンジン型式、種類	B 型
配列気筒数、弁型式	直列 4 気筒 4 サイクル側弁式
内径×行程 (mm)	60 × 76
総排気量 (cc)	860
圧縮比	6.5
最高出力 (PS/rpm)	25/4000
最大トルク (kg·m/rpm)	5.1/2400
燃料タンク容量 (ℓ)	
トランスミッション	前進 4 段後進 1 段　常時噛合
ブレーキ	—
タイヤ	5.00-15-4P
東京地区標準現金価格 (¥)	—

ダットサン A110 型セダンの 1956 年（昭和 31 年）式モデル。おもな変更点は、エンジンの騒音対策、タクシーメーターやヒーターなどの部品装置を簡素化するためのインパネの改良、ラジエターグリルやリアトランクの改善、最小回転半径の縮小など。そのほか、エンジンやメーター、ボディ意匠部品など、50ヵ所にわたり改良が施されていた。

ダットサン 112 型セダンは、毎日新聞社が設定した第 2 回毎日産業デザイン賞の工業デザイン部門を、トヨペット・クラウンと競り合ったすえに受賞。「現在量産化されているクルマの中で、最も国民車の規格に近づいている。日本の貧乏を肯定してデザインされ、ムダのない健康的なデザインである。」と高く評価された。

オオタ・セダン PK1 型

オオタ自動車工業
●発売　1955年一月

車名	オオタ・セダン PK1 型
型式・車種記号	PK1 型
全長×全幅×全高 (mm)	3880×1500×1550
ホイールベース (mm)	2150
トレッド前×後 (mm)	1160×1150
最低地上高 (mm)	185
車両重量 (kg)	975
乗車定員 (名)	4
燃料消費率 (km/ℓ)	0.062 (ℓ /km)
登坂能力	sin θ 0.30
最小回転半径 (m)	5.5
エンジン型式、種類	E-9 型
配列気筒数、弁型式	水冷4サイクル4気筒側弁式
内径×行程 (mm)	61.5×76
総排気量 (cc)	903
圧縮比	6.5
最高出力 (PS/rpm)	26 (HP) /4000
最大トルク (kg·m/rpm)	5.2/2200
燃料タンク容量 (ℓ)	30
トランスミッション	前進3段後進1段　選択摺動式
ブレーキ	油圧式
タイヤ	5.50-15-4P
東京地区標準現金価格 (¥)	—

経営危機に陥っていたオオタ自動車が、タクシー会社の発注によって開発したといわれている4ドアセダン。当時の自動車ガイドブックには、エンジンの静粛性や耐久性、乗り心地やハンドル操作などの解説に加え、車両全般の耐久性を「既に関西有名タクシー会社の一年有余の実験で立証されています。」と表現されていた。しかし、一般ユーザーには、ほとんど販売されなかったという。その後、PK2型へ発展し、PK3型を1956年（昭和31年）の第3回全日本自動車ショウに出品したが、その年で生産を中止。オオタ最後の乗用車モデルとなってしまった。

フライングフェザー

住江製作所
●発売 1955年一月

車名	フライングフェザー
型式・車種記号	FF7 型
全長×全幅×全高 (mm)	2767 × 1296 × 1300
ホイールベース (mm)	1900
トレッド前×後 (mm)	1106 × 1110
最低地上高 (mm)	171
車両重量 (kg)	425
乗車定員 (名)	2
燃料消費率 (km/ℓ)	—
登坂能力	1/5
最小回転半径 (m)	4.2
エンジン型式、種類	FF1 型
配列気筒数、弁型式	空冷 4 サイクルV型 2 気筒 OHV
内径×行程 (mm)	60 × 62
総排気量 (cc)	350
圧縮比	6.1
最高出力 (PS/rpm)	12.5 (HP) /4500
最大トルク (kg・m/rpm)	2.2/2500
燃料タンク容量 (ℓ)	8.0
トランスミッション	前進3段後進1段
ブレーキ	後：機械式内部拡張式
タイヤ	3.25-19
東京地区標準現金価格 (¥)	360,000

稀代の技術者といわれた富谷龍一がアイデアを考え、日産自動車のボディメーカーだった住江製作所が設計、製作を担当した360ccクラスの4輪乗用車。1955年（昭和30年）に200台あまりが生産されている。

リアに搭載されたエンジンは、空冷V型2気筒OHVの350ccで、最高出力は12.5HPを発揮。トランスミッションには、当時のダットサン用3段を流用して後輪を駆動。最高速度は60km/hに達した。

サスペンションは、前後ともにウイッシュボーンとリーフスプリングを組み合わせた4輪独立懸架式で、ステアリングシステムはラックアンドピニオン式を採用していた。

販売は梁瀬自動車などが担当したが、話題先行で販売台数はあまり伸びず、50台ほどで販売を中止している。

ジープ・デリバリワゴン

新三菱重工業
●発売 1956年一月

車名	ジープ・デリバリワゴン
型式・車種記号	CJ3B-J11 型
全長×全幅×全高 (mm)	4331×1609×1886
ホイールベース (mm)	2642
トレッド前×後 (mm)	1226
最低地上高 (mm)	203
車両重量 (kg)	1405
乗車定員 (名)	5
燃料消費率 (km/ℓ)	0.1 (ℓ/km)
登坂能力	sin θ 0.5736
最小回転半径 (m)	—
エンジン型式、種類	JH4 型
配列気筒数、弁型式	F頭式4直列
内径×行程 (mm)	79.4×111.1
総排気量 (cc)	2199
圧縮比	6.9
最高出力 (PS/rpm)	70 (HP) /4000
最大トルク (kg·m/rpm)	15.8/2000
燃料タンク容量 (ℓ)	45.5
トランスミッション	摺動選択同時嚙合い式　前進3段後進1段
ブレーキ	油圧式
タイヤ	7.00-15-6P
東京地区標準現金価格 (¥)	—

新三菱重工業が、1953年（昭和28年）から生産を開始していたジープのワゴンタイプで、5人乗車と250kg積みを可能にした乗用兼貨物車である。ボディは、全鋼製の特殊設計で軽量かつ高剛性だった。

エンジンは、ウイリス社のFヘッド・ハリケーンエンジンを国産化したJH4型を搭載。このJH4型エンジンをベースに、日本初の小型高速ディーゼルエンジンとして自動車技術会賞を受賞したKE31型ディーゼルエンジンなどが誕生したのである。

発売当初は、左ハンドル仕様のみだったが、1961年に右ハンドル仕様のJ11R型を追加設定した。しかし、右ハンドル仕様で6人乗り、4ドアのJ30型にバトンタッチするかたちで生産を中止している。

プリンス・スカイラインデラックス

富士精密工業
●発売　1957年4月

車名	プリンス・スカイライン デラックス
型式・車種記号	ALSID-1 型
全長×全幅×全高 (mm)	4280×1675×1535
ホイールベース (mm)	2535
トレッド前×後 (mm)	1340×1380
最低地上高 (mm)	210
車両重量 (kg)	1310
乗車定員 (名)	6
燃料消費率 (km/ℓ)	16
登坂能力	sin θ 0.42
最小回転半径 (m)	5.4
エンジン型式、種類	GA30 型
配列気筒数、弁型式	水冷4気筒4サイクル直列
内径×行程 (mm)	75×84
総排気量 (cc)	1484
圧縮比	7.5
最高出力 (PS/rpm)	60 (HP) /4400
最大トルク (kg·m/rpm)	10.75/3200
燃料タンク容量 (ℓ)	40
トランスミッション	前進4段後進1段
ブレーキ	油圧式
タイヤ	6.40-14-4P
東京地区標準現金価格 (¥)	1,200,000

国産初となる1500ccクラス乗用車のプリンス・セダンをデビューさせたプリンスの技術陣が、クラウンやヒルマンなどに対抗するため、新たに開発した本格的4ドアセダンである。

外観は、アメリカンテイストを盛り込んだ都会的な仕上がりで、シャシーには、バックボーントレー式フレームやドディオン式のリアアクスルを採用するなど、見た目にも技術的にも当時の最高水準に達していた。

写真のデラックスには、ツートンカラーや専用のフロントグリルを採用したエクステリアに加え、ラジオ、シガーライター、時計、2段階速度調整機構付きワイパーなどのアイテムが標準装備されていた。

トヨペット・コロナ

トヨタ自動車工業
●発売　1957年5月（発表）

車名	トヨペット・コロナ
型式・車種記号	ST10型
全長×全幅×全高 (mm)	3912×1470×1555
ホイールベース (mm)	2400
トレッド前×後 (mm)	1190×1180
最低地上高 (mm)	211
車両重量 (kg)	960
乗車定員 (名)	4
燃料消費率 (km/ℓ)	16
登坂能力	sin θ 0.336
最小回転半径 (m)	5.25
エンジン型式、種類	S型
配列気筒数、弁型式	4気筒直列側弁式
内径×行程 (mm)	65×75
総排気量 (cc)	995
圧縮比	7.0
最高出力 (PS/rpm)	33 (HP) /4500
最大トルク (kg·m/rpm)	6.5/2800
燃料タンク容量 (ℓ)	40.5
トランスミッション	前進3段後進1段
ブレーキ	油圧式
タイヤ	5.60-14-4P
東京地区標準現金価格 (¥)	—

トヨタ自動車工業が開発した1000ccクラスの小型乗用車。当時、タクシー業界ではクラウンなどの1500ccクラスは中型車としての料金体制となっており、1000ccクラスの小型車に人気が集まる傾向にあった。

そのためコロナは、4人乗り1000ccの経済車として急ピッチで開発が進められ、エンジンはトヨエース用のS型を乗用車用に改良し、シャシー関係はクラウンと共通化を図っていた。特にボディは、前年に生産中止となっていたトヨペット・マスターのものを流用し、マスター用の設備や治工具をそのまま利用できるように工夫されていた。

また、ビルトインフレームの採用により、4人乗り小型乗用車として十分なルームスペースを確保していたことも特徴である。

ダットサン 210 型セダン

日産自動車
●発売　1957年11月（発表）

車名	ダットサン 210 型セダン
型式・車種記号	210 型
全長×全幅×全高 (mm)	3860×1466×1540
ホイールベース (mm)	2220
トレッド前×後 (mm)	1170×1180
最低地上高 (mm)	162
車両重量 (kg)	925
乗車定員 (名)	4
燃料消費率 (km/ℓ)	18
登坂能力	$\sin\theta\ 0.45$
最小回転半径 (m)	5.0
エンジン型式、種類	C 型
配列気筒数、弁型式	直列4気筒4サイクル頭上弁式
内径×行程 (mm)	73×59
総排気量 (cc)	988
圧縮比	7.0
最高出力 (PS/rpm)	34/4400
最大トルク (kg·m/rpm)	6.6/2400
燃料タンク容量 (ℓ)	32.5
トランスミッション	前進4段後進1段　等速噛合
ブレーキ	油圧式
タイヤ	5.00-15-4P
東京地区標準現金価格 (¥)	—

1957（昭和32年）11月に発表されたダットサン210型は、英国オースチンエンジンを参考に日産自動車が独自に開発した1000ccエンジンを搭載したセダンモデルである。先代のダットサン110型に比べ、曲面フロントガラスの採用やカウルやルーフパネル、ラジエターグリルなどの変更、クラッチ操作を吊り下げペダルの油圧式に変えるなどの改良が実施されていた。

このダットサン210型は、1958年に開催された豪州ラリーに出場し、排気量1000ccのAクラスで優勝。その優れた性能を世界にアピールすることとなり、本格的に北米市場へ進出する足掛かりを作ったのである。

スバル 360

富士重工業

●発売　1958年5月（1958年3月発表）

車名	スバル 360
型式・車種記号	K-111 型
全長×全幅×全高 (mm)	2990×1300×1380
ホイールベース (mm)	1800
トレッド前×後 (mm)	1140×1060
最低地上高 (mm)	180※
車両重量 (kg)	385
乗車定員 (名)	4
燃料消費率 (km/ℓ)	26
登坂能力	tan θ 1/3.5※
最小回転半径 (m)	4.0※
エンジン型式、種類	EK31 型
配列気筒数、弁型式	強制空冷2サイクル直列2気筒
内径×行程 (mm)	615×60
総排気量 (cc)	356
圧縮比	6.5
最高出力 (PS/rpm)	16 (HP) /4500
最大トルク (kg·m/rpm)	3.0/3000rpm
燃料タンク容量 (ℓ)	20
トランスミッション	前進3段後進1段
ブレーキ	油圧式※
タイヤ	4.50-10-2P
東京地区標準現金価格 (¥)	425,000

※は 1959 年式

富士重工業が初めて市場に送り出した軽乗用車であり、4輪軽乗用車を一般に認知させた記念すべきモデル。中島飛行機時代の航空技術を取り入れたボディは、曲面構成のモノコックを実現し、乗り心地を重視した独特のサスペンションは、「スバルクッション」と呼ばれた。

搭載されたEK31型エンジンは16HPを発揮し、最高速度は83km/hとクラストップレベルを実現。その優れた性能はレースでもいかんなく発揮され、第2回日本グランプリではC-1クラスでワンツーフィニッシュを飾っている。

その後、コンバーチブルモデルの追加やエンジンの改良などのマイナーチェンジを繰り返し、1970年（昭和45年）5月までに39万2016台が販売された。

トヨペット・クラウンデラックス

トヨタ自動車工業
●発売　1958年10月

車名	トヨペット・クラウン デラックス
型式・車種記号	RS21型
全長×全幅×全高（mm）	4365×1695×1540
ホイールベース（mm）	2530
トレッド前×後（mm）	1326×1370※
最低地上高（mm）	210
車両重量（kg）	1250
乗車定員（名）	6
燃料消費率（km/ℓ）	15
登坂能力	sin θ 0.36
最小回転半径（m）	5.5
エンジン型式、種類	R型
配列気筒数、弁型式	4サイクル4シリンダー
内径×行程（mm）	77×78※
総排気量（cc）	1453
圧縮比	8.0
最高出力（PS/rpm）	62/4500
最大トルク（kg·m/rpm）	11.2/3000
燃料タンク容量（ℓ）	47※
トランスミッション	前進3段・後進1段　2.3速シンクロメッシュ式
ブレーキ	油圧内部拡大4輪制動
タイヤ	7.00-14-4P
東京地区標準現金価格（¥）	—

※は1959年式

1955年（昭和30年）12月に発売されたトヨペット・クラウンデラックスRSD型は、1958年10月に初の大幅な改良を受け、RS21型と名称変更された。

写真のモデルは、1959年10月に発売された1960年式で、エンジンの出力を62PSに向上させて一段と走行性能を高めていた。その際、日本で初めてオートマチックトランスミッションのトヨグライドをオプション設定している。さらに翌年の10月に再びフェイスリフトを実施し、グリルや内装などの変更を行なった。

その後、1961年4月の物品税法改正により2000cc以下はすべて同様に扱われるようになったため、生産を中止している。

ヒルマン・ミンクスジュビリーデラックス

いすゞ自動車

●発売　1958年10月（発表）

車名	ヒルマン・ミンクス ジュビリーデラックス
型式・車種記号	PH200型
全長×全幅×全高 (mm)	4095×1555×1511
ホイールベース (mm)	2438
トレッド前×後 (mm)	1245×1232
最低地上高 (mm)	178
車両重量 (kg)	1050
乗車定員 (名)	6
燃料消費率 (km/ℓ)	16.5
登坂能力	sin θ 0.377
最小回転半径 (m)	5.22
エンジン型式、種類	GH100型
配列気筒数、弁型式	水冷直列4気筒4サイクル
内径×行程 (mm)	76.2×76.2
総排気量 (cc)	1390
圧縮比	8.0
最高出力 (PS/rpm)	55 (HP) /4600
最大トルク (kg·m/rpm)	10.3/2400
燃料タンク容量 (ℓ)	33
トランスミッション	前進4段後進1段
ブレーキ	前：2L、後：LT
タイヤ	5.60-15-6P
東京地区標準現金価格 (¥)	—

1956年（昭和31年）9月にフルモデルチェンジを遂げたニューヒルマン・ミンクスに追加設定された6人乗りの中型車で、ヒルマン誕生50周年を記念して「ジュビリー」と名付けられていた。

写真のデラックスは、スタンダード車に比べ約5HPアップの55HPを発揮する直列4気筒OHV1390ccエンジンを搭載し、最高速度128km/hを実現、内外装に豪華装備を採用したモデルであった。

ヒルマン・ミンクスは、その後、細かなマイナーチェンジを繰り返しながら販売されたが、1964年6月に惜しまれつつも生産を中止。総生産台数は、ノックダウンを含め6万7000台あまりであったが、この経験がいすゞ自動車の乗用車開発に大いに活かされるのである。

ミカサ・ツーリング

岡村製作所
●発売　1958年一月

車名	ミカサ・ツーリング
型式・車種記号	MT10 型
全長×全幅×全高 (mm)	3810 × 1400 × 1300
ホイールベース (mm)	2100
トレッド前×後 (mm)	1170 × 1180
最低地上高 (mm)	185
車両重量 (kg)	590
乗車定員 (名)	4
燃料消費率 (km/ℓ)	18
登坂能力	sin θ 0.30
最小回転半径 (m)	4.9
エンジン型式、種類 配列気筒数、弁型式	オカムラ AE3 型 強制空冷水平対向2気筒4サイクル 頭上弁式
内径×行程 (mm)	73 × 70
総排気量 (cc)	585
圧縮比	7.3
最高出力 (PS/rpm)	20 (HP)
最大トルク (kg·m/rpm)	3.8/3000
燃料タンク容量 (ℓ)	24
トランスミッション	トルコン付き2段
ブレーキ	前：LT、後：LT
タイヤ	5.0-15-4P
東京地区標準現金価格 (¥)	—

戦後、トルクコンバータの研究、製品化に成功していた岡村製作所が開発した小型乗用車。さきに発売していたミカサ・サービスカーのシャシーに、幌型のコンバーチブルボディを架装し、軽快でスポーティな外観に仕上げられていた。

エンジンは、ミカサ・サービスカーに対し約3HPのパワーアップを図った585cc水平対向2気筒OHVを搭載。日本の乗用車メーカーで初めて市販化に成功した自慢のトルクコンバータと組み合わされ、最高速度は90km/hを記録したが、87万5000円といわれている価格が高価だったこともあり販売は伸び悩んでしまった。その後、岡村製作所は乗用車部門から撤退している。

プリンス・グロリア

富士精密工業
●発売　1959年2月（1958年10月発表）

車名	プリンス・グロリア
型式・車種記号	BLSIP-1 型
全長×全幅×全高（mm）	4360×1675×1535
ホイールベース（mm）	2535
トレッド前×後（mm）	1340×1380
最低地上高（mm）	210
車両重量（kg）	1340
乗車定員（名）	6
燃料消費率（km/ℓ）	14
登坂能力	sin θ 0.45
最小回転半径（m）	5.4
エンジン型式、種類	GB30 型
配列気筒数、弁型式	水冷頭上弁式4サイクル4気筒
内径×行程（mm）	84.0×84.0
総排気量（cc）	1862
圧縮比	8.5
最高出力（PS/rpm）	80/4800
最大トルク（kg·m/rpm）	14.9/3200
燃料タンク容量（ℓ）	40
トランスミッション	前進4段後進1段　シンクロメッシュ及選択摺動式
ブレーキ	前：2L・後：LT
タイヤ	6.40-14-4P
東京地区標準現金価格（¥）	1,470,000

1958年（昭和33年）に開催された第5回全日本自動車ショウに展示されたプリンス1900が、1959年2月に市販化された。皇太子殿下の御婚儀を記念してグロリア（栄光）と名付けられてのデビューであった。

グロリアは、さきに発売されていたスカイラインのシャシーをベースに、直列4気筒の1862ccエンジンを搭載。戦後初の国産大型乗用車とうたうだけあり、発売当時は国内唯一の3ナンバー登録車であった。

インテリアも高級車そのもので、シートなど室内調度には西陣織を採用。客席とカタログに表記されたリアシートには、アームレストやルームハンガーなどを装着していた。発売1年後の1960年2月には、マイナーチェンジを実施。4灯式ヘッドランプを採用した。

ダットサン・スポーツ

日産自動車
●発売　1959年6月

車名	ダットサン・スポーツ
型式・車種記号	S211型
全長×全幅×全高 (mm)	3985×1455×1035
ホイールベース (mm)	2220
トレッド前×後 (mm)	1170×1180
最低地上高 (mm)	156
車両重量 (kg)	810
乗車定員 (名)	4
燃料消費率 (km/ℓ)	17
登坂能力	0.388
最小回転半径 (m)	5.0
エンジン型式、種類	C型
配列気筒数、弁型式	直列4気筒4サイクル頭上弁式
内径×行程 (mm)	73×59
総排気量 (cc)	988
圧縮比	7.0
最高出力 (PS/rpm)	34/4400
最大トルク (kg·m/rpm)	6.6/2400
燃料タンク容量 (ℓ)	32.5
トランスミッション	前進4段後進1段　等速噛合
ブレーキ	前：2L、後：LT
タイヤ	5.20-14-4P
東京地区標準現金価格 (¥)	—

国産初の本格的スポーツカーとして開発されたダットサン・スポーツS211型は、1958年（昭和33年）秋の全日本自動車ショウで公開され、1959年6月から発売された。グラスウールと強化プラスチックで構成されたオールプラスチックの軽量オープンボディに、34PSを発揮する1000ccのC型エンジンを搭載し、最高速度115km/hと乗車定員4名を実現。実用を兼ねた高性能スポーツカーとして人気の的であったが、当初、販売は京浜・京阪神地区のみの受注生産とされていた。

ダットサン・ブルーバード 1200

日産自動車
●発売　1959年7月（発表）

車名	ダットサン・ブルーバード 1200
型式・車種記号	P310 型
全長×全幅×全高（mm）	3860×1496×1480
ホイールベース（mm）	2280
トレッド前×後（mm）	1209×1194
最低地上高（mm）	182
車両重量（kg）	870
乗車定員（名）	5
燃料消費率（km/ℓ）	16.5
登坂能力	sin θ 0.331
最小回転半径（m）	4.9
エンジン型式、種類	E 型
配列気筒数、弁型式	直列4気筒4サイクル頭上弁式
内径×行程（mm）	73×71
総排気量（cc）	1189
圧縮比	7.5
最高出力（PS/rpm）	43/4800
最大トルク（kg・m/rpm）	8.4/2400
燃料タンク容量（ℓ）	31
トランスミッション	前進3段後進1段　等速噛合
ブレーキ	前：U、後：LT
タイヤ	5.60-13-4P
東京地区標準現金価格（¥）	—

1959年（昭和34年）7月、ダットサン210型系がフルモデルチェンジを受け、ダットサン・ブルーバードとしてデビュー。車名の由来はメーテルリンクの童話「青い鳥」からで、世界が求めている希望の青い鳥であるようにという願いが込められていた。

発売当時のグレードは、1000ccC型エンジンを搭載したブルーバードと、1200ccE型エンジンを搭載したブルーバード1200の2タイプ。当初の乗車定員は4名だったが、同年10月からは後部座席の幅を広げて5名乗車を可能にした。

フルシンクロメッシュトランスミッションやユニサーボブレーキなど、当時の最新技術を投入したブルーバードは、爆発的なヒットを記録し、日本を代表する小型乗用車に成長するのである。

トヨタ・ランドクルーザーステーションワゴン

トヨタ自動車工業
●発売　1959年一月

車名	トヨタ・ランドクルーザー ステーションワゴン
型式・車種記号	FJ28V 型
全長×全幅×全高 (mm)	4195×1665×1995
ホイールベース (mm)	2430
トレッド前×後 (mm)	1390×1350
最低地上高 (mm)	210
車両重量 (kg)	1675
乗車定員 (名)	2または4
燃料消費率 (km/ℓ)	9.3
登坂能力	sin θ 0.66
最小回転半径 (m)	6.4
エンジン型式、種類	F型
配列気筒数、弁型式	4サイクル6シリンダー
内径×行程 (mm)	90×101.6
総排気量 (cc)	3878
圧縮比	7.5
最高出力 (PS/rpm)	125/3600
最大トルク (kg·m/rpm)	29/2000
燃料タンク容量 (ℓ)	57
トランスミッション	前進4段後進1段　3、4速シンクロメッシュ
ブレーキ	油圧内部拡張4輪制動
タイヤ	6.50-16-8P
東京地区標準現金価格 (¥)	—

トヨタ自動車工業が、アメリカ軍と警察予備隊（現在の自衛隊）の要請を受けて開発した4輪駆動車。当初はジープと名乗っていたが、ウイリス社の登録商標だったため、1954年（昭和29年）6月に陸上巡洋艦の意味を持つランドクルーザーと名称変更された。

優れた走破性と耐久性を誇るランドクルーザーは、営林局の連絡車や電力会社の保線車などにも使用され、独自の市場を開拓。海外でも好評を博し、1957年には日本車総輸出台数の約1/3を占めるに至っている。

写真のFJ28型は、F型エンジンを搭載したハードトップモデルで、屋根部のハードトップはキャンバストップ同様に取り外しが可能であった。

ニッサン・パトロールワゴン

日産自動車
●発売　1959年一月

車名	ニッサン・パトロールワゴン
型式・車種記号	WL4W65 型
全長×全幅×全高 (mm)	4270×1700×1950
ホイールベース (mm)	2510
トレッド前×後 (mm)	1380×1400
最低地上高 (mm)	220
車両重量 (kg)	1780
乗車定員 (名)	8
燃料消費率 (km/ℓ)	—
登坂能力	—
最小回転半径 (m)	5.7
エンジン型式、種類	NC 型
配列気筒数、弁型式	水冷側弁式4サイクル6気筒
内径×行程 (mm)	85.7×114.3
総排気量 (cc)	3956
圧縮比	6.8
最高出力 (PS/rpm)	105/3400
最大トルク (kg·m/rpm)	27/1600
燃料タンク容量 (ℓ)	—
トランスミッション	前進4段後進1段　シンクロメッシュ
ブレーキ	
タイヤ	6.50-16-6P
東京地区標準現金価格 (¥)	—

日産自動車が、朝鮮特需向けに開発したジープタイプの4輪駆動車。同時に中型車のキャリヤーも開発されている。写真のモデルは、W65型のステーションワゴン（輸出仕様）で、8人乗車が可能だった。

国内では、おもに警察用車両などに使用されたが、南米やアフリカ、中近東などに約1800台が輸出され、好評を得ている。

なお、この型式のパトロールをベースにしたG4W65型は、昭和天皇の御料車として採用されていたという逸話がある。後部座席は向かい合わせの3人乗りに改造されており、乗り心地や静粛性も大幅に高められていたという。

ニッサン・セドリック

日産自動車

●発売　1960年3月（発表）

車名	ニッサン・セドリック
型式・車種記号	30型
全長×全幅×全高 (mm) ホイールベース (mm) トレッド前×後 (mm) 最低地上高 (mm)	4410×1680×1520 2530 1330×1373 190
車両重量 (kg) 乗車定員 (名)	1170 6
燃料消費率 (km/ℓ) 登坂能力 最小回転半径 (m)	― sin θ 0.423 5.4
エンジン型式、種類 配列気筒数、弁型式 内径×行程 (mm) 総排気量 (cc) 圧縮比 最高出力 (PS/rpm) 最大トルク (kg·m/rpm) 燃料タンク容量 (ℓ)	G型 4サイクル4シリンダー頭上弁式 80×74 1488 8.0 71/5000 11.5/3200 44
トランスミッション ブレーキ タイヤ	前進4段後進1段　シンクロメッシュ式 前：ユニサーボ　後：デュオサーボ 6.40-14-4P
東京地区標準現金価格 (¥)	―

日産自動車が、オースチンに代わる中型乗用車として独自に開発した高級サルーン。車名の由来は、英国バーネットの「小公子」の主人公にちなんだもので、強く正しいこの貴公子のように世界中から愛されるクルマ、という願いが込められていた。

開発に際しては、エンジン、シャシー、ボディなどすべてにわたって新設計。独特の縦型デュアルランプを採用した豪華なエクステリアに、新開発の1500cc G型エンジンを搭載して最高速度は130km/hを記録、長距離ドライブでも疲れないフラットライディングな乗り心地を実現していた。

生産面では、鶴見の旧オースチン組立工場を増築して、セドリック組立工場を新設。発売年の10月には月2000台の生産体制を確立した。

三菱 500

新三菱重工業
●発売　1960月4月

車名	三菱 500	
型式・車種記号	A-10 型	
全長×全幅×全高 (mm)	3140 × 1390 × 1380	
ホイールベース (mm)	2065	
トレッド前×後 (mm)	1180 × 1170	
最低地上高 (mm)	220	
車両重量 (kg)	490	
乗車定員 (名)	4	
燃料消費率 (km/ℓ)	30	
登坂能力	sin θ 0.25	
最小回転半径 (m)	4.3	
エンジン型式、種類	NE19A 型	
配列気筒数、弁型式	OHV 型4サイクル2シリンダー	
内径×行程 (mm)	70 × 64	
総排気量 (cc)	493	
圧縮比	7.0	
最高出力 (PS/rpm)	21/5000	
最大トルク (kg·m/rpm)	3.4/3800	
燃料タンク容量 (ℓ)	20	
トランスミッション	前進3段後進1段　オールシンクロ式	
ブレーキ	油圧式	
タイヤ	5.20-12-2P	
東京地区標準現金価格 (¥)	390,000	

三菱自動車工業の前身である、新三菱重工業の名古屋製作所が開発した小型乗用車。当時、通産省によって打ち出された国民車構想に対応するためのモデルでもあった。

メカニズムでは、近代的なモノコックボディに493cc 4サイクル並列2気筒エンジンをリアに搭載。全輪独立懸架式のサスペンションに超低圧タイヤを採用し、最高速度90km /hという高性能と優れた乗り心地を両立した。

1961年（昭和36年）8月には、594cc のNE35A型エンジンを搭載し、定員を4名から5名へと増やしたスーパーデラックスを発売。また、マカオグランプリにおいてもクラス優勝を果たすなど、レースでの活躍も話題となった。

マツダ R360 クーペ

東洋工業

●発売　1960年5月（1960年4月発表）

車名	マツダ R360 クーペ
型式・車種記号	KRBB 型
全長×全幅×全高 (mm)	2980 × 1290 × 1290
ホイールベース (mm)	1760
トレッド前×後 (mm)	1040 × 1100
最低地上高 (mm)	180
車両重量 (kg)	380
乗車定員 (名)	4
燃料消費率 (kn/ℓ)	32
登坂能力	sin θ 0.281
最小回転半径 (m)	4.0
エンジン型式、種類	BC 型
配列気筒数、弁型式	4サイクル2シリンダー強制空冷頭上弁式
内径×行程 (mm)	60 × 63
総排気量 (cc)	356
圧縮比	8.0
最高出力 (PS/rpm)	16/5300
最大トルク (kg・m/rpm)	2.2/4000
燃料タンク容量 (ℓ)	16
トランスミッション	前進4段後進1段　同期噛合および歯車摺動式
ブレーキ	油圧内部拡張式4輪制動
タイヤ	4.80-10-2P
東京地区標準現金価格 (¥)	300,000

マツダが、東洋工業時代に初めて発売した4輪乗用車。30万円からという価格は、ライバル車に比べて約20％安価であり、短期間ではあるが爆発的な販売台数を記録。当時、高嶺の花であった自動車を日常的な存在としたモデルのひとつである。

性能面では、東洋工業の蓄積技術のすべてを投入したということだけあり、軽乗用車初の4サイクルエンジン、岡村製作所と共同開発したトルクコンバータ、トレーリングアームとトーションバーの4輪独立懸架方式サスペンション、アルフィン社製のドラムブレーキなど、当時の最新技術が盛り込まれていた。

1961年（昭和36年）にマイナーチェンジを実施した際、追加設定された身体障害者仕様も注目に値する。

ダットサン・ブルーバード 1200 エステートワゴン

日産自動車

●発売　1960年7月（発表）

車名	ダットサン・ブルーバード 1200 エステートワゴン
型式・車種記号	WP310 型
全長×全幅×全高 (mm)	3910 × 1496 × 1460
ホイールベース (mm)	2280
トレッド前×後 (mm)	1209 × 1194
最低地上高 (mm)	175
車両重量 (kg)	960
乗車定員 (名)	5
燃料消費率 (km/ℓ)	―
登坂能力	$\sin \theta$ 0.305
最小回転半径 (m)	4.9
エンジン型式、種類	E 型
配列気筒数、弁型式	4サイクル4シリンダー頭上弁式
内径×行程 (mm)	73 × 71
総排気量 (cc)	1189
圧縮比	7.5
最高出力 (PS/rpm)	43/4800
最大トルク (kg·m/rpm)	8.4/2400
燃料タンク容量 (ℓ)	32.5
トランスミッション	前進3段後進1段　シンクロメッシュ式
ブレーキ	前：ユニサーボ　後：L.T.
タイヤ	5.60-13-4P
東京地区標準現金価格 (¥)	―

1960年（昭和35年）3月から北米を始め広く海外へ輸出されていたブルーバードのエステートワゴンは、国内販売の強い要望を受け、同年7月からダットサン・ブルーバード1200エステートワゴンとして発売された。海外でも好評を得たという優れた走行性能に加え、柔らかめのシートや豪華な室内空間を備えたブルーバード1200エステートワゴンは、新しいタイプの乗用・貨物兼用の高級乗用車としてビジネスやレクリエーションの場において活躍。フェイスリフトを受けた1961年式のWP312型には、55PSに強化されたE1型エンジンやフルシンクロトランスミッションなどが採用され、より走行性能を高めている。

スバル 450

富士重工業
●発売　1960年10月

車名	スバル 450
型式・車種記号	K212 型
全長×全幅×全高 (mm)	3115×1300×1360
ホイールベース (mm)	1800
トレッド前×後 (mm)	1140×1080
最低地上高 (mm)	185
車両重量 (kg)	405
乗車定員 (名)	4
燃料消費率 (km/ℓ)	25
登坂能力	$\sin\theta\ 0.31\ (18°)$
最小回転半径 (m)	4.0
エンジン型式、種類	EK51 型
配列気筒数、弁型式	強制空冷2サイクル2シリンダー
内径×行程 (mm)	67×60
総排気量 (cc)	423
圧縮比	6.5
最高出力 (PS/rpm)	23/5000
最大トルク (kg·m/rpm)	3.8/3500
燃料タンク容量 (ℓ)	18
トランスミッション	前進3段後進1段 同期噛合選択摺動式
ブレーキ	油圧式4輪制動
タイヤ	4.80–10–2P
東京地区標準現金価格 (¥)	—

スバル360を海外輸出向けに改良したモデルで、国内でも1960年(昭和35年)10月から発売された。全長が若干拡大され、北米の法規に対応するためにSAE規格の7インチ大型シールドビームヘッドランプを採用していた。このデザインは、のちにマイナーチェンジされるスバル360にも大きな影響を及ぼすことになる。海外ではMAIA(マイア)と名付けられた。

エンジンには、スバル360で高評価を得ていたEK32型を423ccにサイズアップしたEK51型を搭載。低中速トルクを重視したチューニングが施されていたが、最高速度は105km/hと十分以上の性能を発揮した。

ダットサン・フェアレデー

日産自動車
●発売　1960年一月

車名	ダットサン・フェアレデー
型式・車種記号	SPL213 型
全長×全幅×全高 (mm)	4025×1475×1365
ホイールベース (mm)	2220
トレッド前×後 (mm)	—
最低地上高 (mm)	—
車両重量 (kg)	890
乗車定員 (名)	4
燃料消費率 (km/ℓ)	—
登坂能力	sin θ 0.414
最小回転半径 (m)	4.8
エンジン型式、種類	E1 型
配列気筒数、弁型式	4サイクル4シリンダー
内径×行程 (mm)	73×71
総排気量 (cc)	1189
圧縮比	—
最高出力 (PS/rpm)	60/5000
最大トルク (kg・m/rpm)	—
燃料タンク容量 (ℓ)	—
トランスミッション	前進4段後進1段　シンクロメッシュ式
ブレーキ	前：ユニサーボ　後：デュオサーボ
タイヤ	5.20-14-4P
東京地区標準現金価格 (¥)	—

今や世界中で愛されている「フェアレディ（フェアレデー）」の名を初めて冠したモデル。左ハンドル仕様のみの設定で、北米などを中心に輸出されたという。

写真のSPL213型はフェイスリフト後のモデルで、エンジンは60PSに出力を高めた1200cc E1型を搭載。前進4段後進1段のフルシンクロメッシュ式トランスミッションには、ショートストロークのレバーを採用し、スポーツカーらしい小気味よいシフトチェンジと最高速度132km/hを実現した。

シャシー関連では、フロントサスペンションにトーションバー式のスタビライザーを装着して高速走行に対応。ブレーキシステムには、フロントにユニサーボ、リアにデュオサーボを採用していた。

トヨペット・コロナ 1500

トヨタ自動車工業
●発売　1961年3月

車名	トヨペット・コロナ 1500
型式・車種記号	RT20 型
全長×全幅×全高 (mm)	3990×1490×1440
ホイールベース (mm)	2400
トレッド前×後 (mm)	1230×1230
最低地上高 (mm)	170
車両重量 (kg)	990
乗車定員 (名)	5
燃料消費率 (km/ℓ)	17.5
登坂能力	sin θ 0.33
最小回転半径 (m)	5.2
エンジン型式、種類	R型
配列気筒数、弁型式	水冷4サイクル4シリンダー
内径×行程 (mm)	77×78
総排気量 (cc)	1453
圧縮比	7.5
最高出力 (PS/rpm)	60/4500
最大トルク (kg·m/rpm)	11/3000
燃料タンク容量 (ℓ)	40
トランスミッション	前進3段後進1段　2,3速シンクロメッシュ式
ブレーキ	前ツーリーディング式 後デュオサーボ式
タイヤ	5.60-13-4P
東京地区標準現金価格 (¥)	—

1960年（昭和35年）3月にニューコロナとして発表された2代目コロナPT20型は、生産上のトラブルや一部のユーザーからクレームが出るなど、発売当初から販売面で大いに苦戦を強いられていた。

そこで、対米輸出専用車として1500ccのR型エンジンを搭載した、トヨペット・ティアラを国内向け仕様に変更。1961年3月にトヨペット・コロナ1500RT20型として販売したのである。

さらに1962年2月には、評判のよくなかったリアサスペンションを平行半楕円板ばねのコンベンショナルタイプへと変更し、ボディ剛性の向上などの改善を実施したNEWトヨペット・コロナ1500を発売。落ち込んでいた販売台数を回復し、人気モデルへと返り咲いた。

日野コンテッサデラックス

日野自動車工業
●発売　1961年4月

車名	日野コンテッサ デラックス
型式・車種記号	PC10 型
全長×全幅×全高 (mm)	3795 × 1475 × 1415
ホイールベース (mm)	2150
トレッド前×後 (mm)	1210 × 1200
最低地上高 (mm)	205
車両重量 (kg)	750
乗車定員 (名)	5
燃料消費率 (km/ℓ)	20
登坂能力	sin θ 0.33
最小回転半径 (m)	4.3
エンジン型式、種類	GP20 型
配列気筒数、弁型式	4サイクル4シリンダー
内径×行程 (mm)	60 × 79
総排気量 (cc)	893
圧縮比	8.0
最高出力 (PS/rpm)	35 (HP) /5000
最大トルク (kg・m/rpm)	6.5/3200
燃料タンク容量 (ℓ)	32
トランスミッション	前進3段後進1段　選択摺動及び2, 3速シンクロメッシュ付
ブレーキ	油圧内部拡張全輪制動
タイヤ	5.50-14-2P
東京地区標準現金価格 (¥)	655,000

日野自動車工業が、ルノー4CVの製造で得たノウハウを活かして独自に開発した小型乗用車。コンテッサとは、イタリア語で「貴婦人」の意味で、奥ゆかしい気品と高性能を併せ持つといった願いが込められていた。

パワートレインは、エンジン、トランスミッションともに新設計でRR方式を採用。ルノー4CVから改められた半球形ジョイントとラジアスアーム付きのスイングリアアクスルは、日本の悪路に対応するためのものであった。

1963年（昭和38年）、第1回日本GPでレース用に改良されたコンテッサがクラス2位に入賞すると、その市販化モデルともいえるコンテッサSを追加設定。40HPを発揮するエンジンに4段ミッションが組み合わされ、若者を中心に人気を得た。

トヨタ・パブリカ

トヨタ自動車工業
●発売　1961年6月

車名	トヨタ・パブリカ
型式・車種記号	UP10型
全長×全幅×全高（mm）	3520×1415×1380
ホイールベース（mm）	2130
トレッド前×後（mm）	1203×1160
最低地上高（mm）	170
車両重量（kg）	580
乗車定員（名）	4
燃料消費率（km/ℓ）	24
登坂能力	sin θ 0.387
最小回転半径（m）	4.35
エンジン型式、種類	U型
配列気筒数、弁型式	4サイクル2シリンダー強制空冷
内径×行程（mm）	78×73
総排気量（cc）	697
圧縮比	7.2
最高出力（PS/rpm）	28/4300
最大トルク（kg·m/rpm）	5.4/2800
燃料タンク容量（ℓ）	25
トランスミッション	前進4段後進1段　リモコンシンクロメッシュ式
ブレーキ	油圧内部拡張4輪制動
タイヤ	6.00-12-2P
東京地区標準現金価格（¥）	389,000

トヨタ独自の国民車計画から誕生した大衆車。パブリカとは、「パブリック（大衆）＋カー（クルマ）」の意味を持つ造語で、一般公募により名付けられた。大衆車第1号＋100万円が賞品と賞金になったため、約100万通の応募があったという。

エンジンは、専用開発された空冷水平対向2気筒697ccのU型を搭載。小型車には不向きといわれたオーソドックスなFR方式を採用（開発当初はFF方式だった）したが、軽合金やプラスチックなどを多用することで軽量化と低コストを両立させた。

その後オートマチック車や装備を充実させたデラックス、コンバーティブルなどが発売されると、急激に販売台数を伸ばして1964年（昭和39年）11月にトラックシリーズと合わせて生産累計20万台を達成するのである。

ダットサン・フェアレディ 1500

日産自動車
●発売　1961年10月（発表）

車名	ダットサン・フェアレディ 1500
型式・車種記号 全長×全幅×全高 (mm) ホイールベース (mm) トレッド前×後 (mm) 最低地上高 (mm)	SP310 型 3910 × 1490 × 1276 2280 1213 × 1198 160
車両重量 (kg) 乗車定員 (名)	870 3
燃料消費率 (km/ℓ) 登坂能力 最小回転半径 (m)	— sin θ 0.515 4.9
エンジン型式、種類 配列気筒数、弁型式 内径×行程 (mm) 総排気量 (cc) 圧縮比 最高出力 (PS/rpm) 最大トルク (kg·m/rpm) 燃料タンク容量 (ℓ)	G 型 4サイクル4シリンダー頭上弁式 80 × 74 1488 8.0 71/5000 11.5/3200 43
トランスミッション ブレーキ タイヤ	前進4段後進1段　2,3,4速シンクロメッシュ式 前：2リーディング 後：リーディングトレーリング 5.60-13-4P
東京地区標準現金価格 (¥)	850,000

日本初の本格的なスポーツカーとして開発されたダットサン・フェアレディ1500は、空気力学を追求した優美なスタイルにスポーティな計器類やラジオ、ヒーターなどを装備したインテリア、後席に横向き1人乗りの特徴的な3人乗りシートなどを採用。北米での人気はもちろんのこと、東京店頭手渡しで85万円という安さも手伝って日本でも人気モデルとなった。

搭載されたエンジンは、71PSを発揮する1488cc G型で、最高速度150km/hをマーク。高いボディ剛性を誇るXメンバー式のフレームや、強力で確実な制動力を発揮する大型サーボブレーキを採用し、高速走行に対応した。1963年式モデルでは、圧縮比を高めるなどのチューニングを施し、エンジン出力を80PSにアップさせている。

マツダ・キャロル 360 デラックス

東洋工業
●発売　1962年2月

車名	マツダ・キャロル 360 デラックス
型式・車種記号	KPDA 型
全長×全幅×全高 (mm)	2980×1295×1340
ホイールベース (mm)	1930
トレッド前×後 (mm)	1070×1110
最低地上高 (mm)	190
車両重量 (kg)	525
乗車定員 (名)	4
燃料消費率 (km/ℓ)	25
登坂能力	sin θ 0.222
最小回転半径 (m)	4.3
エンジン型式、種類	DA 型
配列気筒数、弁型式	4サイクル4シリンダー
内径×行程 (mm)	46×54
総排気量 (cc)	358
圧縮比	10.0
最高出力 (PS/rpm)	18/6800
最大トルク (kg·m/rpm)	2.1/5000
燃料タンク容量 (ℓ)	20
トランスミッション	前進4段後進1段　2,3,4 シンクロメッシュ式
ブレーキ	油圧内部拡張式4輪制動
タイヤ	5.20-10-4P
東京地区標準現金価格 (¥)	395,000

東洋工業が軽乗用車の第2弾として世に送り出したキャロルは、1962年（昭和37年）2月に発売された。R360クーペがビジネスカーライクなモデルであったのに対し、キャロルはリアウインドウを大胆に切り取ったクリフカットデザインを採用することで、軽自動車の枠内で大人4人の居住空間を確保し、ファミリーカーとしての要素が高められていた。

写真は、1962年5月に追加設定されたデラックス仕様車で、明るいツートンカラーやホワイトリボンタイヤなどを採用。その後、軽乗用車初の4ドア仕様車などが登場し、東洋工業の軽乗用車のシェアは1962年67％、1963年62％、1964年56％と他社を圧倒するものとなった。

スズライト・フロンテ 360

●発売　1962年3月

車名	スズライト・フロンテ 360
型式・車種記号	TLA 型
全長×全幅×全高 (mm)	2995 × 1295 × 1380
ホイールベース (mm)	2050
トレッド前×後 (mm)	1086 × 1086
最低地上高 (mm)	120
車両重量 (kg)	500
乗車定員 (名)	4
燃料消費率 (km/ℓ)	30
登坂能力	$\sin\theta$ 0.24
最小回転半径 (m)	4.5
エンジン型式、種類	T型
配列気筒数、弁方式	2サイクル2シリンダー
内径×行程 (mm)	56 × 66
総排気量 (cc)	360
圧縮比	7.2
最高出力 (PS/rpm)	21/5500
最大トルク (kg・m/rpm)	3.2/3700
燃料タンク容量 (ℓ)	18
トランスミッション	前進4段後進1段　常時噛合式
ブレーキ	内拡油圧式全輪制動
タイヤ	4.50-12-4P
東京地区標準現金価格 (¥)	380,000

鈴木自動車工業の乗用車は、1955年（昭和30年）に発売されたスズライトSF型セダンがあったが、物品税の関係などで早々と姿を消していた。しかし、乗用車の開発は脈々と続けられており、1962年3月、スズライトTL型をベースとしたスズライト・フロンテ360TLA型が、乗用車として再びデビューを果たした。

乗用車として新設計されたTLA型は、リアにトランクルームを配したセダンボディに、ダイカスト製のクロームメッキグリルなどを採用して高級感をアピール。サスペンションを乗用車らしい柔らかなセッティングにするなどの変更が実施された。

その後、スズライトTL型がモデルチェンジを受けた1963年5月に、TLA型もFEA型へモデルチェンジされている。

いすゞベレル 2000 デラックス

いすゞ自動車
●発売　1962年4月

車名	いすゞベレル2000 デラックス
型式・車種記号	—
全長×全幅×全高 (mm)	4485×1690×1493
ホイールベース (mm)	2530
トレッド前×後 (mm)	1339×1360
最低地上高 (mm)	195
車両重量 (kg)	1220
乗車定員 (名)	6
燃料消費率 (km/ℓ)	—
登坂能力	$\sin \theta$ 0.401
最小回転半径 (m)	5.4
エンジン型式、種類	GL201型
配列気筒数、弁型式	4サイクル4シリンダー
内径×行程 (mm)	83×92
総排気量 (cc)	1991
圧縮比	8.0
最高出力 (PS/rpm)	85/4600
最大トルク (kg·m/rpm)	15.3/1800
燃料タンク容量 (ℓ)	47
トランスミッション	前進4段後進1段　シンクロメッシュ式
ブレーキ	内部拡張油圧式四輪ブレーキ
タイヤ	7.00-13-4P
東京地区標準現金価格 (¥)	998,000

いすゞ自動車が、ヒルマン・ミンクスの国産化で培った乗用車技術の粋を結集させて開発した初のオリジナルモデル。1500〜2000ccクラスの6人乗りファミリーサルーンで、五十鈴（いすゞ）の「鈴(bell)と五十(el)」を組み合わせてネーミングされた。

コーダトロンカの思想が取り入れられたというボディは、いすゞ独自のデザインであったが、モノコック構造やサスペンションなどのシャシーは、ヒルマン・ミンクスをほぼ踏襲していた。

エンジンは直列4気筒で、発売当初からガソリンの1500ccと2000cc、そして2000ccディーゼルの3種類を用意。ガソリンの2000ccエンジンは、ディーゼルとシリンダーブロックを共通化していたこともあり、1800rpmで最大トルクを発生した。

三菱コルト 600 デラックス

新三菱重工業
●発売　1962年6月

車名	三菱コルト 600 デラックス
型式・車種記号	A13型
全長×全幅×全高 (mm)	3385×1410×1370
ホイールベース (mm)	2065
トレッド前×後 (mm)	1180×1170
最低地上高 (mm)	210
車両重量 (kg)	555
乗車定員 (名)	5
燃料消費率 (km/ℓ)	23
登坂能力	sin θ 0.27
最小回転半径 (m)	4.3
エンジン型式、種類	NE35型
配列気筒数、弁型式	強制空冷4サイクル2シリンダー
内径×行程 (mm)	72×73
総排気量 (cc)	594
圧縮比	7.2
最高出力 (PS/rpm)	25/4800
最大トルク (kg·m/rpm)	4.2/3400
燃料タンク容量 (ℓ)	22
トランスミッション	前進3段後進1段　2,3 シンクロメッシュ式
ブレーキ	油圧式内部拡張全輪制動
タイヤ	5.20-12-2P
東京地区標準現金価格 (¥)	429,000

レースなどでの活躍に加え、各方面から高い評価を受けていた三菱500だったが、販売面では大苦戦を強いられていた。その原因がシンプルすぎるスタイリングと装備にあると考えた新三菱重工業では、車両の前後方をややシャープにしたスタイルに変更し、ベンチシートやトランクルームなどの新機構を盛り込んだコルト600シリーズを新たに発売したのである。写真のデラックス仕様は、ラジオやヒーターを標準装備していた。コルト600は、三菱500同様にレースでも活躍。マレーシアのグランプリレースでは、強豪チームのフィアットをおさえて、表彰台を独占するなど輝かしい成績を収めたが、販売面では好転しなかったといわれている。

トヨペット・クラウン

トヨタ自動車工業
●発売　1962年9月（発表）

車名	トヨペット・クラウン
型式・車種記号	RS40 型
全長×全幅×全高 (mm)	4610 × 1695 × 1460
ホイールベース (mm)	2690
トレッド前×後 (mm)	1360 × 1380
最低地上高 (mm)	185
車両重量 (kg)	1235
乗車定員 (名)	6
燃料消費率 (km/ℓ)	—
登坂能力	sin θ 0.33
最小回転半径 (m)	5.5
エンジン型式、種類	3R-B 型
配列気筒数、弁型式	水冷4サイクル4シリンダー
内径×行程 (mm)	88 × 78
総排気量 (cc)	1897
圧縮比	7.7
最高出力 (PS/rpm)	80/4600
最大トルク (kg·m/rpm)	14.5/2600
燃料タンク容量 (ℓ)	50
トランスミッション	前進3段後進1段　2,3速シンクロメッシュ式
ブレーキ	内部拡張4輪制動
タイヤ	7.00-13-4P
東京地区標準現金価格 (¥)	830,000

1962年（昭和37年）9月に初めてのフルモデルチェンジを受けて誕生した2代目クラウンは、低く、長く、広いボディスタイルを採用し、それまでの国産車の概念を打破。観音開きだったドアは、平行後開きへと改められた。

シャシー関連では、モノコック構造に独自のX型フレームを組み合わせて、ボディ剛性を大幅にアップ。リアサスペンションにも改良が加えられ、スタンダードグレードにはリーフスプリングを踏襲したが、デラックスグレードではコイルスプリングを装着したトレーリング式を新たに採用していた。

発売は順調に推移し、1963年12月には月産6000台を達成するなど、市場占拠率50％を回復。また、デンマークなどの北欧諸国にも輸出され、好評を得ている。

トヨペット・クラウンカスタム

トヨタ自動車工業

●発売　1962年9月（発表）

車名	トヨペット・クラウンカスタム
型式・車種記号	RS46G 型
全長×全幅×全高（mm）	4690×1695×1470
ホイールベース（mm）	2690
トレッド前×後（mm）	1360×1380
最低地上高（mm）	185
車両重量（kg）	1350
乗車定員（名）	6
燃料消費率（km/ℓ）	—
登坂能力	sin θ 0.34
最小回転半径（m）	5.5
エンジン型式、種類	3R 型
配列気筒数、弁型式	4サイクル4シリンダー水冷
内径×行程（mm）	88×78
総排気量（cc）	1897
圧縮比	8
最高出力（PS/rpm）	90/5000
最大トルク（kg·m/rpm）	14.5/3400
燃料タンク容量（ℓ）	48
トランスミッション	前進3段後進1段　2,3速シンクロメッシュ式
ブレーキ	油圧内部拡張4輪制動
タイヤ	7.00-13-6P
東京地区標準現金価格（¥）	1,080,000

トヨペット・クラウンカスタムは、2代目クラウンデラックスをベースに、多くの荷物を同時に運ぶ機能を備えた本格的なステーションワゴンとして開発された。

リアのラゲッジスペースは、通常時で長さ985mm、リアシートを折りたたんだ状態では1925mmにまで拡大。レジャーからビジネスの長距離ドライブまで幅広いユーザーニーズに対応した。

また、クラウンデラックスがベース車両となっているだけあり、電動式のリアゲートウインドウ、オートラジオ、シガレットライター付きのアッシュトレイなどを標準装備。オーバードライブ機構や、トヨグライド（オートマチック車）の設定もあった。

プリンス・グロリアデラックス

プリンス自動車工業
●発売　1962年9月

車名	プリンス・グロリア デラックス
型式・車種記号	S40D-1 型
全長×全幅×全高 (mm)	4650×1695×1480
ホイールベース (mm)	2680
トレッド前×後 (mm)	1380×1400
最低地上高 (mm)	220
車両重量 (kg)	1295
乗車定員 (名)	6
燃料消費率 (km/ℓ)	15
登坂能力	$\sin\theta$ 37%
最小回転半径 (m)	5.4
エンジン型式、種類	G2 型
配列気筒数、弁型式	水冷4サイクル4シリンダー
内径×行程 (mm)	84×84
総排気量 (cc)	1862
圧縮比	8.5
最高出力 (PS/rpm)	94/4800
最大トルク (kg・m/rpm)	15.6/3600
燃料タンク容量 (ℓ)	50
トランスミッション	前進オーバードライブ式3段　後進1段 オールシンクロメッシュ式
ブレーキ	油圧内拡式四輪制動
タイヤ	7.00-13-4P
東京地区標準現金価格 (¥)	1,170,000

1962年（昭和37年）に発売された2代目グロリア。ボディサイズは一回り大きくなり、フラットデッキと呼ばれるアメリカンスタイルを採用したエクステリアは、国際感覚に溢れ外国車にも劣らない風格を身に着けていた。インテリアも豪華に仕上げられ、オプションでは国内初の本格的なエアコンも選択可能であった。

エンジンは、初代BLSIP-3型に搭載されていたG2型を踏襲したが、新たに400WのACジェネレーターを採用。トランスミッションには、新開発のオールシンクロメッシュ式のオーバードライブ付き3段MTが組み合わされ、最高速度は145km/hを記録した。その後、プリンス自動車工業初の6気筒エンジンを搭載したグロリアスーパー6などのニューモデルを追加している。

プリンス・スカイラインスーパー

プリンス自動車工業
●発売　1962年9月（発表）

車名	プリンス・スカイライン スーパー
型式・車種記号	S21D 型
全長×全幅×全高 (mm)	4475×1680×1535
ホイールベース (mm)	2535
トレッド前×後 (mm)	1348×1384
最低地上高 (mm)	210
車両重量 (kg)	1340
乗車定員 (名)	6
燃料消費率 (km/ℓ)	14.5
登坂能力	sin θ 36%
最小回転半径 (m)	5.4
エンジン型式、種類	G2 型
配列気筒数、弁型式	水冷4サイクル4シリンダー
内径×行程 (mm)	84×84
総排気量 (cc)	1862
圧縮比	8.0
最高出力 (PS/rpm)	91/4800
最大トルク (kg・m/rpm)	15.0/3600
燃料タンク容量 (ℓ)	40
トランスミッション	前進3段後進1段オールシンクロメッシュ式
ブレーキ	油圧複動内拡式四輪制動
タイヤ	6.40-14-4P
東京地区標準現金価格 (¥)	960,000

1962年（昭和37年）9月に発売された2代目グロリア同様のフロントデザインを初代スカイラインの上級グレードに採用したもの。従来の「デラックス」から「スーパー」へと呼び名が変わったことも特徴で、同時にインテリアやメータークラスターパネル、サイドモールディングなども変更された。

エンジンは、GB-4型からG2型と呼称変更され、トランスミッションには新開発のオールシンクロメッシュ式3速MTを搭載。スタンダード車のオプションでは、1速にシンクロメッシュ機構を持たない4速MTも選択可能で、価格も75万円とリーズナブルであった。

初代スカイラインは、このマイナーチェンジを最後に1963年11月まで発売され、その後は2代目にバトンタッチしている。

ニッサン・セドリックスペシャル

日産自動車

●発売　1962年10月（発表）

車名	ニッサン・セドリック スペシャル
型式・車種記号 全長×全幅×全高（mm） ホイールベース（mm） トレッド前×後（mm） 最低地上高（mm）	T50JE 型 4855×1690×1495 2835 1354×1373 190
車両重量（kg） 乗車定員（名）	1425 6
燃料消費率（km/ℓ） 登坂能力 最小回転半径（m）	— sin θ 0.399 6.2
エンジン型式、種類 配列気筒数、弁型式 内径×行程（mm） 総排気量（cc） 圧縮比 最高出力（PS/rpm） 最大トルク（kg·m/rpm） 燃料タンク容量（ℓ）	K型 水冷4サイクル6シリンダー頭上弁式 85×83 2825 8.7 115/4400 21/2400 60
トランスミッション ブレーキ タイヤ	前進3段後進1段フルオートマチック式 内部拡張油圧式4輪制動 6.40-14-4P
東京地区標準現金価格（¥）	1,650,000

戦後初の大型乗用車として開発されたセドリックスペシャルは、ヨーロッパ車のような気品のあるスタイリングと高級車らしい豪華なインテリアに加え、2835mmという超ロングホイールベースがもたらす高速安定性と快適な乗り心地が特徴だった。

エンジンには、新開発された2800cc直列6気筒のK型を搭載し、最高出力は115PSを発揮。最高速度は145km/hに達した。

写真のT50JE型は、前進3段後進1段のフルオートマチックが装着されたモデルで、ノークラッチ、ノーシフトチェンジのドライブが楽しめた。

ニッサン・セドリック 1900 デラックス

日産自動車

●発売　1962年10月（発表）

車名	ニッサン・セドリック 1900 デラックス
型式・車種記号	G31 型
全長×全幅×全高 (mm)	4590 × 1690 × 1505
ホイールベース (mm)	2630
トレッド前×後 (mm)	1338 × 1373
最低地上高 (mm)	190
車両重量 (kg)	1240
乗車定員 (名)	6
燃料消費率 (km/ℓ)	―
登坂能力	sin θ 0.397
最小回転半径 (m)	5.6
エンジン型式、種類	H型
配列気筒数、弁型式	水冷4サイクル4シリンダー
内径×行程 (mm)	85 × 83
総排気量 (cc)	1883
圧縮比	8.5
最高出力 (PS/rpm)	88/4800
最大トルク (kg·m/rpm)	15.6/3200
燃料タンク容量 (ℓ)	44
トランスミッション	前進3段後進1段　シンクロメッシュ式
ブレーキ	前：ユニサーボ　後：デュオサーボ
タイヤ	6.40-14-4P
東京地区標準現金価格 (¥)	970,000

ビッグマイナーチェンジを受けた1963年（昭和38年）式のセドリックシリーズは、印象的だった縦目のデュアルヘッドランプを横目4灯にするなど大幅に変更（前頁参照）されたスタイリングや、ホイールベースの延長、リアサスペンションの改良などが実施されたモデルであった。

写真のセドリック1900デラックスには、経済性や耐久性に優れた直列4気筒1900ccのH型エンジンを搭載。88PS、15.6kg・mを発揮し、最高速度140km/hとクラストップレベルの加速性能を実現した。

また、ホイールベースの延長により居住性は一段と向上し、リーフスプリングの組み合わせを工夫したリアサスペンションは、振動や騒音などに対する性能と高速走行時の安定性を確保していた。

三菱ミニカ

新三菱重工業
●発売　1962年10月

車名	三菱ミニカ
型式・車種記号	LA20 型
全長×全幅×全高 (mm)	2995×1295×1390
ホイールベース (mm)	1900
トレッド前×後 (mm)	1110×1070
最低地上高 (mm)	150
車両重量 (kg)	490
乗車定員 (名)	4
燃料消費率 (km/ℓ)	26
登坂能力	sin θ 0.30
最小回転半径 (m)	3.6
エンジン型式、種類	ME21 型
配列気筒数、弁型式	強制空冷2サイクル2シリンダー
内径×行程 (mm)	62×59.6
総排気量 (cc)	359
圧縮比	8.2
最高出力 (PS/rpm)	17/4800
最大トルク (kg・m/rpm)	2.8/3500
燃料タンク容量 (ℓ)	20
トランスミッション	前進4段後進1段
ブレーキ	油圧内部拡張型全輪制動
タイヤ	5.20–10–2P
東京地区標準現金価格 (¥)	390,000

新三菱重工業が初めて市場に送り出した軽乗用車のミニカは、商用モデルとしてすでに発売され、人気となっていた三菱360の乗用車バージョンといえるモデルである。

スタイリングは、三菱360をベースにリア部分を大胆にクリフカット。FR方式によって生み出された、広大なトランクルームを設けていた。

エンジンは、三菱360にも採用されていた空冷2サイクル直列2気筒359ccのME21型を搭載。トランスミッションには、2、3、4速にシンクロメッシュ機構を備えた4速MTが採用され、最高速度はクラストップレベルの86km/hをマークした。また、コンベンショナルなFR方式の採用も、FF方式となるまでの歴代ミニカの特徴のひとつとなった。

プリンス・スカイラインスポーツコンバーチブル　プリンス自動車工業

●発売　1962年11月

車名	プリンス・スカイラインスポーツ コンバーチブル
型式・車種記号	BLRA-3 型
全長×全幅×全高 (mm)	4650×1675×1410
ホイールベース (mm)	2535
トレッド前×後 (mm)	1338×1374
最低地上高 (mm)	210
車両重量 (kg)	1340
乗車定員 (名)	4
燃料消費率 (km/ℓ)	—
登坂能力	sin θ 50%
最小回転半径 (m)	5.4
エンジン型式、種類	GB4 型
配列気筒数、弁型式	水冷4サイクル4シリンダー
内径×行程 (mm)	84×84
総排気量 (cc)	1862
圧縮比	8.5
最高出力 (PS/rpm)	94/4800
最大トルク (kg·m/rpm)	15.6/3600
燃料タンク容量 (ℓ)	40
トランスミッション	前進4段後進1段　撰択摺動及びシンクロメッシュ式
ブレーキ	油圧複動内拡式4輪制動
タイヤ	5.90-15-4P
東京地区標準現金価格 (¥)	1,950,000

1961年（昭和36年）に発売されたBLSI-3型スカイラインのシャシーをベースに、イタリアのカーデザイナーであるジョバンニ・ミケロッティがデザインしたコンバーチブルボディを架装したセミカスタムモデル。1960年に開催されたトリノ自動車ショウに出品されたショーモデルの市販バージョンである。

優雅なイタリアンデザインのエクステリアや、ナルディタイプのステアリング、豪華なレザーシートを標準装備したインテリアなどを採用したスカイラインスポーツは、カーマニアだけでなく一般ユーザーからも絶賛され話題となった。

エンジンは、ベース車同様にGB4型が搭載されたが、圧縮比を8.5に高めることで94PSへパワーアップ。走りの面でもスポーツを名乗るに恥じない性能を発揮した。

マツダ・キャロル 600

東洋工業
●発売　1962年11月

車名	マツダ・キャロル 600
型式・車種記号	NRA 型
全長×全幅×全高 (mm)	3200×1325×1340
ホイールベース (mm)	1930
トレッド前×後 (mm)	1050×1100
最低地上高 (mm)	190
車両重量 (kg)	585
乗車定員 (名)	4
燃料消費率 (km/ℓ)	21
登坂能力	sin θ 0.306
最小回転半径 (m)	4.3
エンジン型式、種類	RA 型
配列気筒数、弁型式	水冷4サイクル4シリンダー
内径×行程 (mm)	54×64
総排気量 (cc)	586
圧縮比	8.5
最高出力 (PS/rpm)	28/6000
最大トルク (kg·m/rpm)	4.2/4000
燃料タンク容量 (ℓ)	20
トランスミッション	前進4段後進1段　2,3,4シンクロメッシュ式
ブレーキ	油圧内部拡張式4輪制動
タイヤ	5.20-10-6P
東京地区標準現金価格 (¥)	410,000

キャロル600は、第8回全日本自動車ショウに出品されたプロトタイプカーのマツダ700に、修正を加えて市販化したモデルである。クリフカットの斬新なスタイルのキャロル360に対してボディ枠を拡大して、オールアルミ合金製の水冷直列4気筒586ccエンジンを搭載し、最高速度105km/hを実現。2ドアと4ドア仕様が選択可能で、それぞれにスタンダードタイプと装備を充実させたデラックスタイプを設定していた。

販売自体は伸び悩む結果となってしまったが、東洋工業が初めて市場に送り出した小型乗用車となり、その後、大ヒットを記録することになるファミリアシリーズへの礎を築いたのである。

三菱コルト 1000 スタンダード

新三菱重工業
●発売　1963年7月

車名	三菱コルト 1000 スタンダード
型式・車種記号	A20 型
全長×全幅×全高 (mm)	3830×1490×1420
ホイールベース (mm)	2285
トレッド前×後 (mm)	1220×1220
最低地上高 (mm)	170
車両重量 (kg)	830
乗車定員 (名)	5
燃料消費率 (km/ℓ)	19.5
登坂能力	tan θ 0.339
最小回転半径 (m)	4.1
エンジン型式、種類	KE43 型
配列気筒数、弁型式	水冷4サイクル4シリンダー
内径×行程 (mm)	72×60
総排気量 (cc)	977
圧縮比	8.5
最高出力 (PS/rpm)	51/6000
最大トルク (kg·m/rpm)	7.3/3800
燃料タンク容量 (ℓ)	32
トランスミッション	前進4段後進1段　フルシンクロメッシュ式
ブレーキ	油圧全輪制動　デュオサーボ式
タイヤ	5.20-13-4P
東京地区標準現金価格 (¥)	548,000

三菱500やコルト600の開発や販売経験を活かし、本格的な小型乗用車市場への参入のために発売されたコルト1000シリーズは、車体を名古屋自動車製作所が、エンジンを京都製作所が開発するという、今日に至る名古屋京都両製作所の協力関係を築いたモデルであった。

スタイリングは、力強い直線をモチーフにしたワイド＆ローフォルムを採用。直列4気筒977ccエンジンにはOHVハイカムシャフト方式、ハイスキッシュ燃焼室や強力シルミンヘッドなどの新機構を採用し、世界トップレベルのリッター当たり52.2PSを達成し、最高速度は中型車なみの125km/hを実現した。レースでの活躍も目覚しく、第2回日本グランプリ自動車レースでは1〜3位までを独占している。

ダットサン・ブルーバード 1200

日産自動車
●発売　1963年9月（発表）

車名	ダットサン・ブルーバード 1200
型式・車種記号	P410 型
全長×全幅×全高 (mm)	3990 × 1490 × 1415
ホイールベース (mm)	2380
トレッド前×後 (mm)	1206 × 1198
最低地上高 (mm)	175
車両重量 (kg)	885
乗車定員 (名)	5
燃料消費率 (km/ℓ)	—
登坂能力	sin θ 0.366
最小回転半径 (m)	5.0
エンジン型式、種類	E1 型
配列気筒数、弁型式	水冷4サイクル4シリンダー頭上弁式
内径×行程 (mm)	73 × 59
総排気量 (cc)	1189
圧縮比	8.2
最高出力 (PS/rpm)	55/4800
最大トルク (kg·m/rpm)	8.8/3600
燃料タンク容量 (ℓ)	41
トランスミッション	前進3段後進1段　シンクロメッシュ式
ブレーキ	内部拡張油圧式4輪制動
タイヤ	5.60-13-4P
東京地区標準現金価格 (¥)	560,000

1963年（昭和38年）9月に発表された2代目ブルーバード。シャシーをフレーム式からモノコック式へ変更したことが最大の特徴で、車両重量を軽減しながらボディ剛性を大幅に高めていた。

また、台頭してきたスポーツタイプ市場に対応するため、翌年3月にツインキャブレターやクロスレシオミッションなどを採用したスポーツセダンを発売。女性仕様車として発売されたファンシーデラックスには、傘立てや買い物バッグ、化粧セットなど36点ものアクセサリが用意されていた。

様々なニーズに応えた2代目ブルーバードは、そのスタイルに賛否はあったものの爆発的な人気を呼び、1964年4月には月産1万台を達成。これは日本の自動車生産史上初という大記録であった。

トヨタ・パブリカコンバーティブル

●発売　1963年10月

車名	トヨタ・パブリカ コンバーティブル
型式・車種記号 全長×全幅×全高 (mm) ホイールベース (mm) トレッド前×後 (mm) 最低地上高 (mm)	UP10S 型 3585 × 1415 × 1335 2130 1203 × 1160 170
車両重量 (kg) 乗車定員 (名)	620 4
燃料消費率 (km/ℓ) 登坂能力 最小回転半径 (m)	— $\sin \theta \, 0.38$ 4.35
エンジン型式、種類 配列気筒数、弁型式 内径×行程 (mm) 総排気量 (cc) 圧縮比 最高出力 (PS/rpm) 最大トルク (kg·m/rpm) 燃料タンク容量 (ℓ)	U-B 型 強制空冷4サイクル2シリンダー 78 × 73 697 8.0 36/5000 5.7/4000 25
トランスミッション ブレーキ タイヤ	前進4段後進1段　2,3,4速シンクロ メッシュ式 油圧内部拡張4輪制動 6.00-12-4P
東京地区標準現金価格 (¥)	489,000

オープンボディのセミスポーツカーとして開発されたパブリカコンバーティブルは、パブリカの販売不振を払拭するためのイメージリーダーカーとして発売された。

エンジンには、ベースのU型エンジンにツインキャブレターを装着、さらに圧縮比を8.0に高めたU-B型を採用し、最高速度は120km/hを記録。ボディ剛性を高めるために、サイドシルの補強やクロスメンバーの追加なども実施している。

また、フロントにリクライニング機構を備えたバケットタイプシートを採用するなど、インテリアもスポーティに仕上げられており、幌カバーはリアシート後部に格納することができた。

ホンダ S500

本田技研工業
●発売　1963年10月

車名	ホンダ S500
型式・車種記号	AS280 型
全長×全幅×全高 (mm)	3300 × 1430 × 1200
ホイールベース (mm)	2000
トレッド前×後 (mm)	1150 × 1128
最低地上高 (mm)	160
車両重量 (kg)	725
乗車定員 (名)	2
燃料消費率 (km/ℓ)	22
登坂能力	16° 46'
最小回転半径 (m)	4.3
エンジン型式、種類	AS280E 型
配列気筒数、弁型式	水冷4サイクル4シリンダー
内径×行程 (mm)	54 × 58
総排気量 (cc)	531
圧縮比	9.5:1
最高出力 (PS/rpm)	44/8000
最大トルク (kg·m/rpm)	4.6/4500
燃料タンク容量 (ℓ)	25
トランスミッション	前進4段後進1段常時噛合式
ブレーキ	油圧式リーディングトレーリングシュー形式
タイヤ	5.20-13-4P
東京地区標準現金価格 (¥)	459,000 (現金正価)

1962年(昭和37年)の全日本自動車ショウで発表されたホンダスポーツプロトタイプの市販化モデルで、本田技研工業が初めて世に送り出した4輪乗用車の第1号でもある。同時発表のS360は発売されなかった。エンジンは、水冷直列4気筒DOHC8バルブの531ccを搭載。プロペラシャフトからデファレンシャルを経てドライブシャフトから左右に振り分け、それぞれに配置されたチェーンで後輪を駆動するといったユニークな駆動方式を採用しており、最高速度は130km/hをマークした。

ラダーフレームにボディを架装したシャシーには、フロントにダブルウイッシュボーン式、リアにはチェーンケースをトレーリングアームとした4輪独立懸架サスペンションを採用していた。

いすゞベレット 1500 スタンダード

いすゞ自動車
●発売　1963年11月

車名	いすゞベレット 1500 スタンダード
型式・車種記号	PR20 型
全長×全幅×全高 (mm)	3995 × 1495 × 1390
ホイールベース (mm)	2350
トレッド前×後 (mm)	1220 × 1195
最低地上高 (mm)	205
車両重量 (kg)	915
乗車定員 (名)	5
燃料消費率 (km/ℓ)	—
登坂能力	$\sin \theta\, 0.405$
最小回転半径 (m)	5
エンジン型式、種類	G150 型
配列気筒数、弁型式	水冷 4 サイクル 4 シリンダー
内径×行程 (mm)	79 × 75
総排気量 (cc)	1471
圧縮比	7.5
最高出力 (PS/rpm)	63/5000
最大トルク (kg·m/rpm)	11.2/1800
燃料タンク容量 (ℓ)	40
トランスミッション	前進 4 段後進 1 段　シンクロメッシュ式
ブレーキ	内部拡張油圧式 4 輪ブレーキ
タイヤ	5.60-13-4P
東京地区標準現金価格 (¥)	590,000

ヒルマン・ミンクスの後継車として開発された 5 人乗りの小型サルーン。さきに発売されていたベレルの小型車版ということで、ベレット (bellett) とネーミングされた。

シャシーには、ヒルマン・ミンクスより一回り小さいモノコックボディや、ユニークな構造の独立懸架式リアサスペンションを新たに採用。クイックにセッティングされたラックアンドピニオン式のステアリングシステムとあいまって、スポーティなハンドリングを実現していた。

写真の 1500 スタンダードは、直列 4 気筒 OHV の 1471cc エンジンを搭載したモデルで、最高速度は 137km/h をマーク。低中速のトルクにも定評があり、0-400m 加速 21.6sec はクラストップであった。

プリンス・スカイライン 1500 デラックス

プリンス自動車工業
●発売　1963年11月

車名	プリンス・スカイライン 1500 デラックス
型式・車種記号	S50D-1型
全長×全幅×全高 (mm)	4100×1495×1435
ホイールベース (mm)	2390
トレッド前×後 (mm)	1255×1235
最低地上高 (mm)	175
車両重量 (kg)	960
乗車定員 (名)	5
燃料消費率 (km/ℓ)	─
登坂能力	sin θ 39%
最小回転半径 (m)	4.85
エンジン型式、種類	G1型
配列気筒数、弁型式	水冷4サイクル4シリンダー
内径×行程 (mm)	75×84
総排気量 (cc)	1484
圧縮比	8.3
最高出力 (PS/rpm)	70/4800
最大トルク (kg・m/rpm)	11.5/3600
燃料タンク容量 (ℓ)	40
トランスミッション	前進4段後進1段　シンクロメッシュ式
ブレーキ	内部拡張油圧式4輪ブレーキ
タイヤ	5.60-13-4P
東京地区標準現金価格 (¥)	730,000

2代目スカイラインは、1963年(昭和38年)11月に発売された。初代は中型車であったが、来るべくファミリーカー時代に対応するため、大幅なダウンサイジングを実施。車両重量1000kg以下の小型セダンへと生まれ変わったのである。

シャシーには、フレームを廃してモノコック構造を採用。それまでのプリンス車の特徴でもあったリアのドディオン式のリアアクスルは、スタンダートなリーフリジッドタイプへ変更された。また、グリースアップについて1年間または3万km無給油を実現し、メインテナンスフリー化を達成した。

1964年4月には、価格を抑えたスタンダード仕様も発売。当時の営業用小型車規格に適合するため、全長を縮めて3990mmとしていた。

ニッサン・セドリックエステートワゴン

日産自動車

●発売　1963年―月（発表）

車名	ニッサン・セドリック エステートワゴン		
型式・車種記号	WP31型		
全長×全幅×全高 (mm)	4690×1690×1520		
ホイールベース (mm)	2530		
トレッド前×後 (mm)	1338×1373		
最低地上高 (mm)	190		
車両重量 (kg)	1350		
乗車定員 (名)	8		
燃料消費率 (km/ℓ)	—		
登坂能力	sin θ 0.346		
最小回転半径 (m)	5.4		
エンジン型式、種類	H型		
配列気筒数、弁型式	水冷4サイクル4シリンダー		
内径×行程 (mm)	85×83		
総排気量 (cc)	1883		
圧縮比	8.5		
最高出力 (PS/rpm)	88/4800		
最大トルク (kg·m/rpm)	15.6/3200		
燃料タンク容量 (ℓ)	44		
トランスミッション	前進3段後進1段　シンクロメッシュ式		
ブレーキ	前：ユニサーボ　後：デュオサーボ		
タイヤ	6.40-14-4P		
東京地区標準現金価格 (¥)	950,000		

1963年（昭和38年）に実施されたセドリックシリーズのビッグマイナーチェンジに合わせて、エステートワゴンも改良された。セダンシリーズはホイールベースが延長されたが、ワゴンモデルは2530mmとチェンジ前と変わらないことを考えると、シャシーは先代を踏襲しているのだろう。スタイリングにおいては、横目4灯ヘッドライトなどのニューデザインが採用されているため、見た目では大きく生まれ変わっている。

1900ccH型エンジンやサーボブレーキなどメカニズム面でも先代モデルを踏襲。クラウンカスタムとともにビジネスにもレジャーにも使える8人乗り中型乗用車として貴重な存在のモデルであったといえよう。

ダイハツ・コンパーノベルリーナ800デラックス

ダイハツ工業
●発売　1964年2月

車名	ダイハツ・コンパーノベルリーナ800 デラックス
型式・車種記号	F30型
全長×全幅×全高(mm)	3800×1445×1410
ホイールベース(mm)	2220
トレッド前×後(mm)	1180×1160
最低地上高(mm)	160
車両重量(kg)	755
乗車定員(名)	5
燃料消費率(km/ℓ)	23
登坂能力	$\sin \theta$ 0.469
最小回転半径(m)	4.5
エンジン型式・種類	FC型
配列気筒数、弁型式	水冷4サイクル4シリンダー頭上弁式
内径×行程(mm)	62×66
総排気量(cc)	797
圧縮比	9.0
最高出力(PS/rpm)	41/5000
最大トルク(kg・m/rpm)	6.5/3600
燃料タンク容量(ℓ)	34
トランスミッション	前進4段後進1段　前進オールシンクロメッシュ、後進選択摺動式
ブレーキ	油圧内部拡張4輪制動デュオサーボ
タイヤ	5.20-12-2P
東京地区標準現金価格(¥)	551,000

ダイハツ工業初の4輪乗用車として発売されたコンパーノシリーズの2ドアセダンモデル。コンパーノとはイタリア語で「仲間」、ベルリーナは「セダン」という意味である。

イタリアンテイストのモダンなスタイリングは、コンパーノ導入時のバンモデルを手掛けたアルフレッド・ビニヤーレのデザインを踏襲したが、セダンボディに作り変えたのはダイハツ工業の技術陣だった。

パワートレインには、41PSを発揮する800cc直列4気筒エンジンとオールシンクロメッシュの4速MTを採用し、1200ccクラスと同等の最高速度110km/hを達成。東京オリンピックにちなんで開催された1万8000km聖火コース走破にも参加し、優れた耐久性能を世にアピールした。

ホンダ S600

本田技研工業
●発売　1964年3月（1964年1月発表）

車名	ホンダ S600
型式・車種記号	AS285 型
全長×全幅×全高 (mm)	3300 × 1400 × 1200
ホイールベース (mm)	2000
トレッド前×後 (mm)	1150 × 1128
最低地上高 (mm)	160
車両重量 (kg)	715
乗車定員 (名)	2
燃料消費率 (km/ℓ)	20
登坂能力	19° 30'
最小回転半径 (m)	4.3
エンジン型式、種類	AS285E 型
配列気筒数、弁型式	水冷4サイクル4シリンダー
内径×行程 (mm)	54.4 × 65
総排気量 (cc)	606
圧縮比	9.5
最高出力 (PS/rpm)	57/8500
最大トルク (kg·m/rpm)	5.2/5500
燃料タンク容量 (ℓ)	25
トランスミッション	前進4段後進1段常時噛合式
ブレーキ	油圧式リーディングトレーリング形式
タイヤ	5.20–13–4P
東京地区標準現金価格 (¥)	509,000

ホンダが4輪乗用車へ進出する記念すべきモデルとなったS500が発売された3ヵ月後、新たにS600が発表された。

外観上の違いは、フロントフェイスがリファインされた程度に収められたが、エンジンの排気量を606ccにアップ。最高出力は57PSとリッター当たり94PSを発揮し、最高速度は145km/h、0−400m加速は18.7secにまで高められていた。また、全域にわたりトルクが太くなったことも特徴で、様々なシチュエーションで扱いやすくなったと好評を得ている。

その後、1965年（昭和40年）2月には、ファストバックルーフを装着したクローズドボディのS600クーペを追加設定。その人気をさらに高めていくのである。

いすゞベレット 1600GT

いすゞ自動車
●発売　1964年4月

車名	いすゞベレット 1600GT
型式・車種記号	PR90型
全長×全幅×全高 (mm)	4005×1495×1335
ホイールベース (mm)	2350
トレッド前×後 (mm)	1220×1195
最低地上高 (mm)	160
車両重量 (kg)	940
乗車定員 (名)	4
燃料消費率 (km/ℓ)	—
登坂能力	sin θ 0.405
最小回転半径 (m)	5
エンジン型式、種類	G160型
配列気筒数、弁型式	水冷4サイクル4シリンダー
内径×行程 (mm)	83×73
総排気量 (cc)	1579
圧縮比	9.3
最高出力 (PS/rpm)	88/5400
最大トルク (kg·m/rpm)	12.5/4200
燃料タンク容量 (ℓ)	40
トランスミッション	前進4段後進1段　シンクロメッシュ式
ブレーキ	油圧式4輪ブレーキ 前：ディスクブレーキ　後：アルフィンド ラム・リーディングトレーリング
タイヤ	5.60-13-4P
東京地区標準現金価格 (¥)	936,000

ベレットが持つスポーティな性格を、よりアピールするために開発されたイメージリーダーカー。テンロク（1600ccクラス）GTカーのパイオニア的存在でもある。

スタイリングでは、ルーフをクーペ用に専用設計してスポーティな2＋2のクーペボディを形成。ツイン可変ベンチュリーキャブレータを採用したショートストロークタイプの1600ccエンジンと、ハイギアードにセッティングされた4速MTを組み合わせたパワートレインは、最高速度160km/h、0−400m加速18.3secとGTを名乗るにふさわしい高性能を発揮した。

写真は1965年（昭和40年）型で、ヘッドランプがデュアルからシングルになり（内側はフォグランプ）グリルも変更。フロントには、ディスクブレーキが採用されている。

トヨタ・クラウンエイト

トヨタ自動車工業
●発売　1964年4月（1963年10月発表）

車名	トヨタ・クラウンエイト
型式・車種記号	VG10 型
全長×全幅×全高 (mm)	4720 × 1845 × 1460
ホイールベース (mm)	2740
トレッド前×後 (mm)	1520 × 1540
最低地上高 (mm)	185
車両重量 (kg)	1375
乗車定員 (名)	6
燃料消費率 (km/ℓ)	—
登坂能力	$\sin \theta$ 0.461
最小回転半径 (m)	5.9
エンジン型式、種類	V 型
配列気筒数、弁型式	水冷4サイクル8シリンダー
内径×行程 (mm)	78 × 68
総排気量 (cc)	2599
圧縮比	9.0
最高出力 (PS/rpm)	115/5000
最大トルク (kg·m/rpm)	20/3000
燃料タンク容量 (ℓ)	50
トランスミッション	3要素1段2相式
ブレーキ	油圧内拡式4輪制動
タイヤ	7.00-13-6P
東京地区標準現金価格 (¥)	1,650,000

　2代目クラウンをベースに、新開発のV型8気筒エンジンを搭載した当時のトヨタ自動車工業の最上級モデル。小型車規格をゆうに超える堂々としたボディサイズに、厳選した素材をあしらった豪華な内装を採用する本格的ワイドサルーンとして開発されていた。自動化を図った装備内容も特徴で、トヨグライド・オートマチック、パワーウインドウや集中ドアロックを始め、暗くなると自動的にライトが付き対向車に応じてハイ、ロービームを切り換えるコンライト、6ウェイパワーシート、クルーズコントロール機能のオートドライブなど、当時のキャデラックやリンカーンなどにしか採用されていなかったアイテムを、ほとんど標準装備していた。

プリンス・グランドグロリア

プリンス自動車工業
●発売　1964年5月

車名	プリンス・グランドグロリア
型式・車種記号	S44P−1型
全長×全幅×全高 (mm)	4650×1695×1480
ホイールベース (mm)	2680
トレッド前×後 (mm)	1380×1400
最低地上高 (mm)	195
車両重量 (kg)	1395
乗車定員 (名)	6
燃料消費率 (km/ℓ)	—
登坂能力	sin θ 0.41
最小回転半径 (m)	5.4
エンジン型式、種類	G11型
配列気筒数、弁型式	水冷4サイクル6シリンダー
内径×行程 (mm)	84×75
総排気量 (cc)	2494
圧縮比	8.8
最高出力 (PS/rpm)	130/5200
最大トルク (kg・m/rpm)	20/3200
燃料タンク容量 (ℓ)	50
トランスミッション	前進3段後進1段　オールシンクロメッシュ式（オーバードライブ付き）
ブレーキ	油圧内拡式4輪制動（複動式）
タイヤ	7.00-13-4P
東京地区標準現金価格 (¥)	1,385,000

プリンス史上最大排気量となる2494ccの直列6気筒SOHCエンジンを搭載したグランドグロリアは、グロリアの最上級モデルとしてデビュー。最高速度170km/hという高性能を武器に、2825ccの直列6気筒SOHCエンジンを搭載するニッサン・セドリックスペシャルや、2599ccのV型8気筒SOHCエンジンを搭載するトヨタ・クラウンエイトに対抗した。

内外装にも豪華装備が奢られており、専用のラジエターグリルやホイールキャップに加え、パワーウインドウやパワーアンテナを標準装備。パワーシートやオートマチックライティングコントロールなどもオプションで選択可能であった。その後、1965年（昭和40年）12月のマイナーチェンジでは、ボルグワーナー製の3速AT車を追加設定している。

プリンス・スカイライン GT

プリンス自動車工業
●発売　1964年5月

車名	プリンス・スカイライン GT
型式・車種記号	S54A-1 型
全長×全幅×全高 (mm)	4300×1495×1410
ホイールベース (mm)	2590
トレッド前×後 (mm)	1265×1235
最低地上高 (mm)	155
車両重量 (kg)	1025
乗車定員 (名)	5
燃料消費率 (km/ℓ)	—
登坂能力	sin θ 49%
最小回転半径 (m)	5.25
エンジン型式、種類	G7 型
配列気筒数、弁型式	水冷4サイクル6シリンダー
内径×行程 (mm)	75×75
総排気量 (cc)	1988
圧縮比	8.8
最高出力 (PS/rpm)	105/5200
最大トルク (kg·m/rpm)	16/3600
燃料タンク容量 (ℓ)	50
トランスミッション	前進3段後進1段　オールシンクロメッシュ式（オーバードライブ付き）
ブレーキ	油圧複動内拡式4輪制動
タイヤ	5.60-13-6P
東京地区標準現金価格 (¥)	880,000

　2代目スカイラインに設定されたスポーティバージョン。2代目グロリアの直列6気筒SOHCエンジンを搭載するために、全長とホイールベースをそれぞれ200mm拡大。足回りやブレーキも強化され、最高速度は170km/hを記録した。

　スカイラインGTは、第2回日本グランプリに出場するためのモデルでもあった。直前の1964年（昭和39年）5月に限定100台で発売され、GTクラスのホモロゲーションを取得すると、決勝ではポルシェ904GTSに迫る活躍を見せ、2〜6位までを独占。「スカG」の名を世に知らしめる結果となった。

　翌1965年2月には、のちに「羊の皮を被った狼」といわれる2000GTを発売。ウェーバーの3連キャブレターを装着し、最高速度180km/hの高性能を誇った。

三菱デボネア

三菱重工業
●発売　1964年7月

車名	三菱デボネア
型式・車種記号	A30型
全長×全幅×全高 (mm)	4670×1690×1465
ホイールベース (mm)	2690
トレッド前×後 (mm)	1360×1380
最低地上高 (mm)	180
車両重量 (kg)	1330
乗車定員 (名)	6
燃料消費率 (km/ℓ)	14.5
登坂能力	sin θ 0.39
最小回転半径 (m)	5.3
エンジン型式、種類	KE64型
配列気筒数、弁型式	水冷4サイクル6シリンダー
内径×行程 (mm)	80×66
総排気量 (cc)	1991
圧縮比	10.0
最高出力 (PS/rpm)	105/5000
最大トルク (kg·m/rpm)	16.5/3400
燃料タンク容量 (ℓ)	50
トランスミッション	前進3段オーバートップ付き後進1段 フルシンクロメッシュ式
ブレーキ	油圧全輪制動前後輪デュオサーボ式
タイヤ	7.00-13-4P
東京地区標準現金価格 (¥)	1,250,000 1,400,000（エアコン付き）

三菱重工業が、総合自動車メーカーとしての地位を確実なものとするために発売した高級乗用車である。風格を漂わせる堂々としたスタイリングは、当時、GM社のデザインセンターに所属していたハンス・ブレッツナーが担当。クレイモデルを製作するなど、日本のデザイン手法とは全く違っており、貴重なノウハウを得ることになったという。

エンジンは、京都製作所で新開発された直列6気筒1991ccのKE64型を搭載。2バレルキャブレターや独自のハイカムシャフトバルブメカニズムなど最新の技術を採用することで、最高速度は155km/hを記録した。また、高級車らしくオプションでは、エアコンやパワーシートなども用意されていた。

トヨペット・コロナ

トヨタ自動車工業
●発売　1964年9月（発表）

車名	トヨペット・コロナ
型式・車種記号	RT40D 型
全長×全幅×全高 (mm)	4110×1550×1420
ホイールベース (mm)	2420
トレッド前×後 (mm)	1270×1270
最低地上高 (mm)	180
車両重量 (kg)	945
乗車定員 (名)	5
燃料消費率 (km/ℓ)	―
登坂能力	sin θ 0.371
最小回転半径 (m)	4.95
エンジン型式、種類	2R 型
配列気筒数、弁型式	水冷4サイクル4シリンダー
内径×行程 (mm)	78×78
総排気量 (cc)	1490
圧縮比	8.0
最高出力 (PS/rpm)	70/5000
最大トルク (kg・m/rpm)	11.5/2600
燃料タンク容量 (ℓ)	45
トランスミッション	前進3段後進1段　オールシンクロメッシュ式
ブレーキ	デュオサーボ式
タイヤ	5.60-13-4P
東京地区標準現金価格 (¥)	648,000

3代目トヨペット・コロナが発売されたのは1964年（昭和39年）。来るべきハイウェイ時代の到来や乗用車の輸入自由化に対応するため、コロナは連続10万kmの高速テストを実施するなど、その高い基本性能を世にアピールした。

新たに搭載した2R型エンジンを始め、足回りや補機関係部品に至るまで、ほとんどすべてを一新。外観は、低く、長く、広く均整の取れたプロポーションとし、特にサイドビューは、フロントバンパーからリアへ一直線に流れるアローラインを形成していた。

この3代目コロナは、発売と同時に大ヒットとなり、1966年11月には月登録台数で1万6800台を実現し、当時の国内登録新記録を樹立している。「世界のトヨタ」となるきっかけを作ったモデルといえるだろう。

日野コンテッサ 1300

日野自動車工業
●発売　1964年9月（発表）

車名	日野コンテッサ 1300 デラックス
型式・車種記号	PD100 型
全長×全幅×全高（mm）	4150×1530×1390
ホイールベース（mm）	2280
トレッド前×後（mm）	1235×1220
最低地上高（mm）	175
車両重量（kg）	940
乗車定員（名）	5
燃料消費率（km/ℓ）	18
登坂能力	sin θ 3段 0.365　4段 0.392
最小回転半径（m）	4.6
エンジン型式、種類	GR100 型
配列気筒数、弁型式	水冷4サイクル4シリンダー
内径×行程（mm）	71×79
総排気量（cc）	1251
圧縮比	8.5
最高出力（PS/rpm）	55/5000
最大トルク（kg·m/rpm）	9.7/3200
燃料タンク容量（ℓ）	32.7
トランスミッション	前進3段または4段後進1段　オールシンクロメッシュ式
ブレーキ	前後デュオサーボ
タイヤ	5.60-13-4P
東京地区標準現金価格（¥）	650,000

コンテッサ900で乗用車市場への進出に成功した日野自動車工業が、新たに開発した小型乗用車。スタイリングは、当時、新進のカーデザイナーとして売り出し中のジョバンニ・ミケロッティに依頼。その伸びやかで格調高いデザインは、トリネーゼスタイルと絶賛された（写真はスタンダード）。

パワートレインは、新開発の4サイクル4気筒1251ccエンジンを搭載、トランスミッションはグレードによりフロアシフト4段と3段が選択可能で、最高速度は130km/h。低速トルクには定評があり、0-200m加速は13.5secとクラストップの性能を発揮した。しかし、1966年（昭和41年）、日野とトヨタが業務提携を結ぶと、トヨタ・パブリカを生産することとなり、コンテッサは生産中止となってしまった。

マツダ・ファミリア4ドアデラックス

東洋工業
●発売　1964年10月

車名	マツダ・ファミリア4ドアデラックス
型式・車種記号	SSA型
全長×全幅×全高（mm）	3765×1465×1385
ホイールベース（mm）	2190
トレッド前×後（mm）	1200×1190
最低地上高（mm）	165
車両重量（kg）	740
乗車定員（名）	5
燃料消費率（km/ℓ）	24
登坂能力	$\sin\theta\,0.342$
最小回転半径（m）	4.4
エンジン型式、種類	SA型
配列気筒数、弁型式	水冷4サイクル4シリンダー
内径×行程（mm）	58×74
総排気量（cc）	782
圧縮比	8.5
最高出力（PS/rpm）	42/6000
最大トルク（kg·m/rpm）	6.0/3200
燃料タンク容量（ℓ）	40
トランスミッション	前進4段後進1段フルシンクロメッシュ
ブレーキ	油圧内部拡張式4輪制動
タイヤ	6.00-12-4P
東京地区標準現金価格（¥）	551,000

東洋工業が小型乗用車市場に本格参戦するために、約4年の歳月をかけて開発されたファミリアセダンは、乗用車らしい乗り心地を実現したセミモノコック構造のボディに、オールアルミ合金製直列4気筒782ccエンジンを搭載。連続最高速度115km/hという優れた耐久性と、当時このクラスでは世界でもトップレベルであった0-200m加速14.5secという性能を実現していた。

発売1ヵ月後には、2ドアモデルを導入。なかでも2ドアスペシャルは41万5000円という低価格で話題を呼び、その1ヵ月後の12月には、ファミリアシリーズ全体で月産1万台を突破。短期間のうちに東洋工業の主力モデルへ成長するのである。

ダイハツ・コンパーノスパイダー

ダイハツ工業
●発売　1965年4月

車名	ダイハツ・コンパーノスパイダー
型式・車種記号	F40K 型
全長×全幅×全高（mm）	3795 × 1445 × 1350
ホイールベース（mm）	2220
トレッド前×後（mm）	1190 × 1170
最低地上高（mm）	160
車両重量（kg）	790
乗車定員（名）	4
燃料消費率（km/ℓ）	21
登坂能力	$\sin \theta$ 0.482
最小回転半径（m）	4.5
エンジン型式、種類	FE 型
配列気筒数、弁型式	水冷4サイクル4シリンダー
内径×行程（mm）	68 × 66
総排気量（cc）	958
圧縮比	9.5
最高出力（PS/rpm）	65/6500
最大トルク（kg·m/rpm）	7.8/4500
燃料タンク容量（ℓ）	32
トランスミッション	前進4段後進1段　前進オールシンクロメッシュ、後進選択摺動式
ブレーキ	油圧内部拡張式4輪制動デュオサーボ
タイヤ	6.00-12-4PR
東京地区標準現金価格（¥）	695,000

コンパーノをベースに開発されたフル4シーターのスポーツコンバーチブル。イタリアンな雰囲気たっぷりのエクステリアと、3本スポークステアリングやスポーティな計器類などを採用したコックピット感覚のインテリアが特徴で、4人が乗車できるファミリースポーツカーでもあった。

搭載エンジンは、1000cc直列4気筒のFE型だが、完全デュアルエキゾーストシステムなどのチューニングを施し、ノーマルに比べ10PSアップの65PSを実現。0-400m加速は18.5secと、英国のスピットファイアを上回る性能を発揮した。

コンパーノスパイダーは、ダイハツ工業の乗用車のイメージを一段と高めることに成功。のちに写真のデタッチャブルトップ仕様も追加されている。

トヨタ・スポーツ 800

トヨタ自動車工業
●発売　1965年4月（1965年3月発表）

車名	トヨタ・スポーツ 800
型式・車種記号	UP15 型
全長×全幅×全高 (mm)	3580×1465×1175
ホイールベース (mm)	2000
トレッド前×後 (mm)	1203×1160
最低地上高 (mm)	175
車両重量 (kg)	580
乗車定員 (名)	2
燃料消費率 (km/ℓ)	31
登坂能力	sin θ 0.464
最小回転半径 (m)	4.3
エンジン型式、種類	2U 型
配列気筒数、弁型式	空冷4サイクル2シリンダー
内径×行程 (mm)	83×73
総排気量 (cc)	790
圧縮比	9.0
最高出力 (PS/rpm)	45/5400
最大トルク (kg·m/rpm)	6.8/3800
燃料タンク容量 (ℓ)	30
トランスミッション	前進4段後進1段　2,3,4速シンクロメッシュ
ブレーキ	油圧内部拡張4輪制動
タイヤ	6.00-12-4P
東京地区標準現金価格 (￥)	595,000

トヨタ自動車工業が、「スポーツカーをみんなのものに」を合言葉に開発した小型スポーツカー。風洞実験を重ねて生み出された流麗なエアロラインが美しく、アルミ軽合金を採用した軽量ボディとあいまって、2気筒の800ccエンジンながら最高速度は155km/h以上を記録し、0−400m加速18.4secとワンクラス上のスポーツカーも顔負けの性能を発揮した。また、ルーフをトランクルームに収納すればオープン走行も可能で、まさに「ファントゥドライブ」なクルマに仕上げられていた。

優れた燃費性能も特徴のひとつで、31km/ℓという驚異的な燃料消費率を実現。ちなみにトヨタ初のハイブリッドカーは、このクルマをベースに開発された、ガスタービン車である。

ニッサン・シルビア

日産自動車
●発売　1965年4月

車名	ニッサン・シルビア
型式・車種記号	CSP311型
全長×全幅×全高（mm）	3995×1510×1275
ホイールベース（mm）	2280
トレッド前×後（mm）	1270×1198
最低地上高（mm）	170
車両重量（kg）	980
乗車定員（名）	2
燃料消費率（km/ℓ）	—
登坂能力	sin θ 0.497
最小回転半径（m）	4.9
エンジン型式、種類	R型
配列気筒数、弁型式	水冷4シリンダー4サイクル頭上弁式
内径×行程（mm）	87.2×66.8
総排気量（cc）	1595
圧縮比	9.0
最高出力（PS/rpm）	90/6000
最大トルク（kg·m/rpm）	13.5/4000
燃料タンク容量（ℓ）	43
トランスミッション	前進4段後進1段　フルシンクロメッシュ式
ブレーキ	前：ディスク式　後：内部拡張油圧式
タイヤ	5.60-14-4P
東京地区標準現金価格（¥）	1,200,000

1964年（昭和39年）の第11回東京モーターショーにダットサン・クーペとして出品され好評を博したスペシャリティカーが、シルビアとして翌年4月にデビューした。シルビアとは、ギリシャ神話に由来する「清楚な乙女」という意味である。

アルファロメオやポルシェといった欧州のGTカーを目標に開発されたシルビアは、ブルーバードSSS同様のパワートレインを搭載。標準装備の安全ベルトや広い視界の確保など、優れた高速走行性能と高速時の安全性を確保していた。

初代シルビアはスペシャリティカーのパイオニア的な存在であり、若い男性を中心に憧れのクルマとなったが、高価だったために販売台数は伸び悩んでしまい、幻のクルマといわれている。

日野コンテッサ 1300 クーペ

日野自動車工業
●発売　1965年4月

車名	日野コンテッサ1300 クーペ		
型式・車種記号	PD300型		
全長×全幅×全高 (mm)	4150×1530×1340		
ホイールベース (mm)	2280		
トレッド前×後 (mm)	1235×1225		
最低地上高 (mm)	170		
車両重量 (kg)	945		
乗車定員 (名)	4		
燃料消費率 (km/ℓ)	17		
登坂能力	sin θ 0.43		
最小回転半径 (m)	4.6		
エンジン型式、種類	GR100型		
配列気筒数、弁型式	水冷4サイクル4シリンダー		
内径×行程 (mm)	71×79		
総排気量 (cc)	1251		
圧縮比	9		
最高出力 (PS/rpm)	65/5500		
最大トルク (kg·m/rpm)	10.0/3800		
燃料タンク容量 (ℓ)	34		
トランスミッション	前進4段後進1段　オールシンクロメッシュ式		
ブレーキ	前：ディスク　後：リーディングトレーリング式		
タイヤ	5.60-13-4P		
東京地区標準現金価格 (¥)	858,000		

コンテッサ1300シリーズに追加設定された本格的4人乗り2ドアスポーツクーペ。スタイリングは、コンテッサ1300同様にジョバンニ・ミケロッティが担当した。

インテリアには、ナルディ型ステアリングホイール、リクライニング機構を備えたバケットタイプシート、タコメーターなどを標準装備。スポーティでイタリアンなGTカーの雰囲気を演出していた。

圧縮比を高め、ツインSUキャブレターを装着するなどのチューニングが施されたエンジンは、65PSを発揮して最高速度は145km/hをマーク。フロントにはディスクブレーキを奢り、高速での安全性を確保した。わずかな台数ではあるが、欧州にも輸出された記念すべきモデルであった。

ダットサン・ブルーバード 1600
スーパースポーツセダン

日産自動車
●発売　1965年5月（発表）

車名	ダットサン・ブルーバード 1600 スーパースポーツセダン
型式・車種記号	DR411R 型
全長×全幅×全高 (mm)	3995 × 1490 × 1430
ホイールベース (mm)	2380
トレッド前×後 (mm)	1206 × 1198
最低地上高 (mm)	165
車両重量 (kg)	930
乗車定員 (名)	5
燃料消費率 (km/ℓ)	16.0
登坂能力	sin θ 0.479
最小回転半径 (m)	5.0
エンジン型式、種類	R型
配列気筒数、弁型式	水冷4サイクル4シリンダー頭上弁式
内径×行程 (mm)	87.2 × 66.8
総排気量 (cc)	1595
圧縮比	9.0
最高出力 (PS/rpm)	90/6000
最大トルク (kg·m/rpm)	13.5/4000
燃料タンク容量 (ℓ)	41
トランスミッション	前進4段後進1段　フルシンクロメッシュ式
ブレーキ	内部拡張油圧式4輪制動
タイヤ	5.60-13-4P
東京地区標準現金価格 (¥)	720,000

1965年（昭和40年）5月に追加設定された2代目ブルーバードのフラッグシップスポーツセダンで、通称SSS（スリーエス）。

スポーツカー専用にチューニングされた直列4気筒1600ccのR型エンジンは、最高出力90PSを発揮。ポルシェタイプの4速トランスミッションや皿バネ式クラッチと組み合わされて、最高速度160km/h、0-400m加速18.2secとスポーツカー顔負けの高性能を誇った。

インテリアには、前席にリクライニング機構付きのバケットタイプシートなどスポーティな装備を採用。内張りは赤または黒一色とされていた。

このSSSをベースに日産自動車チームは、モンテカルロラリーに出場。クラス4位の成績を収めている。

トヨペット・コロナハードトップ 1600S

トヨタ自動車工業
●発売　1965年6月

車名	トヨペット・コロナ ハードトップ 1600S
型式・車種記号	RT51型
全長×全幅×全高 (mm)	4110×1565×1375
ホイールベース (mm)	2420
トレッド前×後 (mm)	1270×1270
最低地上高 (mm)	180
車両重量 (kg)	980
乗車定員 (名)	4
燃料消費率 (km/ℓ)	—
登坂能力	0.417
最小回転半径 (m)	4.95
エンジン型式、種類	4R型
配列気筒数、弁型式	水冷4サイクル4シリンダー
内径×行程 (mm)	80.5×78
総排気量 (cc)	1587
圧縮比	9.2
最高出力 (PS/rpm)	90/5800
最大トルク (kg・m/rpm)	12.8/4200
燃料タンク容量 (ℓ)	45
トランスミッション	前進4段後進1段　オールシンクロメッシュ式
ブレーキ	前輪：ディスク 後輪：リーディング・トレーリング
タイヤ	6.15-14-4P
東京地区標準現金価格 (¥)	848,000

2代目コロナに追加設定された日本初のハードトップを採用した2ドアクーペ。センターピラーをなくした写真の1600Sは、高速用に新開発された90PSの1600cc4R型エンジンに、4段オールシンクロメッシュ方式のトランスミッションを組み合わせて、最高速度160km/h、0-400m加速17.7sec（2名乗車時）を記録したグランドツーリングカーであった。

そのパワーに対応するため、当時としては扁平タイヤに分類された6.15-14-4Pサイズタイヤや前輪ディスクブレーキ、安全ベルト付きのバケットタイプシート、タコメーターを採用。また、丸型メーターを専用設計するなど、スポーティなムードを強調したインテリアを実現していた。

スズキ・フロンテ 800 デラックス

鈴木自動車工業
●発売　1965年8月

車名	スズキ・フロンテ 800 デラックス
型式・車種記号	C10 型
全長×全幅×全高 (mm)	3870 × 1480 × 1360
ホイールベース (mm)	2200
トレッド前×後 (mm)	1240 × 1200
最低地上高 (mm)	200
車両重量 (kg)	770
乗車定員 (名)	5
燃料消費率 (km/ℓ)	—
登坂能力	sin θ 0.386
最小回転半径 (m)	4.9
エンジン型式、種類	C10 型
配列気筒数、弁型式	水冷 2 サイクル 3 シリンダー
内径×行程 (mm)	70 × 68
総排気量 (cc)	785
圧縮比	6.0
最高出力 (PS/rpm)	41/4000
最大トルク (kg・m/rpm)	8.1/3500
燃料タンク容量 (ℓ)	35
トランスミッション	前進 4 段後進 1 段フルシンクロメッシュ
ブレーキ	油圧全輪制動　前：2 リーディング 後：リーディングトレーリング
タイヤ	6.00-12-4P
東京地区標準現金価格 (¥)	545,000

鈴木自動車工業の軽自動車が生産面で安定期に入っていた1961年(昭和36年)、次なるステップとして開発されていた小型乗用車が、1965年にスズキ・フロンテ 800 としてデビューした。

スタイリングやインテリアのコンセプトは、スポーツ要素を有するファミリーカーとされ、シンプルさのなかに豪華さを感じさせるものに仕上げられていた。

搭載された785ccエンジンは、2 サイクル水冷 3 気筒という日本初の機構を採用。鈴木自動車工業の技術を結集させたもので、4 サイクル 6 気筒エンジンに匹敵するバランスを有していた。フルシンクロメッシュ式 4 速MTと組み合わされて最高速度は115km/hにとどまったが、0-200m加速は13.9secと優秀であった。

いすゞベレル 2000 ディーゼル

いすゞ自動車
●発売　1965年10月

車名	いすゞベレル 2000 ディーゼル
型式・車種記号	PSD10 型
全長×全幅×全高 (mm)	4490×1690×1515
ホイールベース (mm)	2530
トレッド前×後 (mm)	1340×1360
最低地上高 (mm)	205
車両重量 (kg)	1310
乗車定員 (名)	6
燃料消費率 (km/ℓ)	—
登坂能力	$\sin\theta\,0.302$
最小回転半径 (m)	5.4
エンジン型式、種類	DL201 型
配列気筒数、弁型式	水冷4サイクル4シリンダーディーゼル
内径×行程 (mm)	83×92
総排気量 (cc)	1991
圧縮比	21
最高出力 (PS/rpm)	55/3800
最大トルク (kg·m/rpm)	12.3/2200
燃料タンク容量 (ℓ)	51
トランスミッション	前進3段後進1段　1,2,3速
ブレーキ	内部拡張油圧式4輪ブレーキ
タイヤ	6.40-14 - 6P
東京地区標準現金価格 (¥)	805,000

ベレルは、発売時から中型乗用車ではめずらしくディーゼルエンジン搭載車をラインナップしていた。いすゞ自動車は、エルフなどの小型トラック用の2リッターディーゼルエンジンをすでに持っていたため、それを乗用車に流用していたのである。

当時、軽油の価格はガソリンの約半分であったこともあり、おもにタクシー業界で活躍。その優れた耐久性や経済性などが評価され、日本機械学会賞を受賞している。

写真は、1965年（昭和40年）10月にビッグマイナーチェンジを受けたときのモデルで、内外装の大幅なリファインに加え、トランスミッションに3速フルシンクロMTを採用。クラウンなどのライバルに挑んだが、1967年5月で生産中止となってしまった。

トヨペット・クラウン S

トヨタ自動車工業
●発売　1965年10月

車名	トヨペット・クラウン S
型式・車種記号	MS41-S 型
全長×全幅×全高 (mm)	4635 × 1695 × 1460
ホイールベース (mm)	2690
トレッド前×後 (mm)	1380 × 1380
最低地上高 (mm)	185
車両重量 (kg)	1280
乗車定員 (名)	6
燃料消費率 (km/ℓ)	—
登坂能力	sin θ 0.411
最小回転半径 (m)	5.5
エンジン型式、種類	M型
配列気筒数、弁型式	水冷直列6気筒OHC式
内径×行程 (mm)	75 × 75
総排気量 (cc)	1988
圧縮比	8.8
最高出力 (PS/rpm)	125/5800
最大トルク (kg·m/rpm)	16.5/5800
燃料タンク容量 (ℓ)	50
トランスミッション	前進4段後進1段　オールシンクロメッシュ式
ブレーキ	前輪：ディスク 後輪：リーディング・トレーリング
タイヤ	6.95-14-4P
東京地区標準現金価格 (¥)	1,136,000

　2代目クラウンに直列6気筒OHCのM型エンジンが搭載された際に、発表したクラウン初のスポーツモデル。インテークマニホールドやメインマフラーを変更し、SU型ツインキャブレターを専用装着したエンジンは、標準モデルに比べ20PSの出力アップに成功。クロスレシオ化されたフロア式4速MTで、エンジンのパワーを最大限に活用できた。インテリアにも、リクライニング機構付きバケットシートや安全ベルト、タコメーターなどのスポーティな装備を採用。足回りには、ブースター付きのフロントディスクブレーキや扁平タイヤ、専用チューニングされたサスペンションなどを装着して、過酷な高速走行に耐えるモデルに仕上げられていた。

ニッサン・セドリックスタンダード6

日産自動車
●発売　1965年10月

車名	ニッサン・セドリックスタンダード6
型式・車種記号	P130S型
全長×全幅×全高 (mm)	4680×1690×1455
ホイールベース (mm)	2690
トレッド前×後 (mm)	1375×1375
最低地上高 (mm)	185
車両重量 (kg)	1240
乗車定員 (名)	6
燃料消費率 (km/ℓ)	15.5
登坂能力	sin θ 0.387
最小回転半径 (m)	5.6
エンジン型式、種類	J20型
配列気筒数、弁型式	水冷4サイクル6直シリンダー頭上弁式
内径×行程 (mm)	73×78.6
総排気量 (cc)	1973
圧縮比	8.3：1
最高出力 (PS/rpm)	100/5200
最大トルク (kg·m/rpm)	15.5/3600
燃料タンク容量 (ℓ)	56
トランスミッション	前進3段後退1段　オールシンクロメッシュ、ハンドルチェンジ
ブレーキ	油圧内部拡張、倍力装置付
タイヤ	7.00-13-4P
東京地区標準現金価格 (¥)	800,000

1965年(昭和40年)10月に発売された2代目セドリックの2000cc直列6気筒エンジン搭載モデル。フローイングラインといわれる低く長く構えたスタイリングは、ブルーバードの410系同様にピニンファリーナが担当した。

2代目セドリックは、エンジンに直列6気筒のL20型、J20型、直列4気筒のH20型を設定。法人用からグランドツーリング用まで様々なニーズに対応するため、デビューの段階で計47車種を用意していた。

また、ラリーフィールドでの活躍も2代目の特徴。カナダを横断するという世界最長のラリーとして名高いシェル4000マイルラリーでクラス優勝、総合でも4位に入賞するなど、国際レースでも好成績を収めている。

ニッサン・プレジデント

日産自動車
●発売　1965年10月（発表）

車名	ニッサン・プレジデント D 仕様
型式・車種記号	H150D 型
全長×全幅×全高（mm）	5045×1795×1460
ホイールベース（mm）	2850
トレッド前×後（mm）	1475×1475
最低地上高（mm）	185
車両重量（kg）	1720
乗車定員（名）	6
燃料消費率（km/ℓ）	—
登坂能力	0.424
最小回転半径（m）	5.8
エンジン型式、種類	Y40 型
配列気筒数、弁型式	V型8気筒4サイクル頭上弁式
内径×行程（mm）	92×75
総排気量（cc）	3988
圧縮比	9.0
最高出力（PS/rpm）	180/4800
最大トルク（kg·m/rpm）	32/3200
燃料タンク容量（ℓ）	75
トランスミッション	前進3段後進1段フルオートマチック式
ブレーキ	前：2L、後：LT
タイヤ	7.00-14-6P
東京地区標準現金価格（¥）	3,000,000

日産自動車が世界に誇りうる日本の代表車として開発した戦後初のフルサイズカー。開発目標には、一目で最高級車とわかること、VIPの活動に最大限の能率をもたらすこと、日本ならではの美の伝統を継承し具体化させること、などが掲げられていた。

写真のプレジデントのV8搭載モデルは、贅の限りを尽くした内外装に、180PSを発揮する4000ccV型8気筒と3速フルオートマチックトランスミッションを組み合わせたパワートレインやディスクブレーキを採用。さらに日本初でパワーステアリングを標準装備するなど、まさに最高級車にふさわしいモデルに仕上げられており、最高速度は185km/hを誇った。

ダイハツ・コンパーノベルリーナ 1000GT

ダイハツ工業
●発売　1965年11月

車名	ダイハツ・コンパーノベルリーナ 1000GT
型式・車種記号	F402GT 型
全長×全幅×全高 (mm)	3795 × 1445 × 1350
ホイールベース (mm)	2220
トレッド前×後 (mm)	1190 × 1170
最低地上高 (mm)	165
車両重量 (kg)	720
乗車定員 (名)	5
燃料消費率 (km/ℓ)	21
登坂能力	$\sin\theta$ 0.375
最小回転半径 (m)	4.5
エンジン型式、種類	FE 型
配列気筒数、弁型式	水冷4サイクル直4シリンダー
内径×行程 (mm)	68 × 66
総排気量 (cc)	958
圧縮比	9.5
最高出力 (PS/rpm)	65/6500
最大トルク (kg·m/rpm)	7.8/4500
燃料タンク容量 (ℓ)	―
トランスミッション	前進4段後退1段　オールシンクロメッシュ、フロアチェンジ
ブレーキ	油圧内部拡張
タイヤ	6.00-12-4P
東京地区標準現金価格 (¥)	695,000

コンパーノベルリーナの2ドアセダンをベースに、5人乗り本格的グランドツーリングカーとして開発されたコンパーノベルリーナ1000GTは、コンパーノスパイダー同様に65PSを発揮する1000cc FE型エンジンにオールシンクロメッシュ式フロアシフト4速MTを搭載。足回りはコンパーノベルリーナ1000のものを踏襲し、スポーツカーの走行性能と乗用車の乗り心地を両立した。

のちに2ノズル式のガソリン噴射装置を装備し、前輪にディスクブレーキを採用した1000GTインジェクションを追加設定。国内乗用車初のインジェクション仕様車として名を残した。

マツダ・ファミリアクーペ

東洋工業
●発売　1965年11月

車名	マツダ・ファミリアクーペ
型式・車種記号	MPA 型
全長×全幅×全高 (mm)	3700×1465×1345
ホイールベース (mm)	2190
トレッド前×後 (mm)	1200×1190
最低地上高 (mm)	160
車両重量 (kg)	790
乗車定員 (名)	5
燃料消費率 (km/ℓ)	18
登坂能力	0.366
最小回転半径 (m)	4.4
エンジン型式、種類	PA 型
配列気筒数、弁型式	水冷 4 サイクル 4 シリンダー
内径×行程 (mm)	70×64
総排気量 (cc)	985
圧縮比	10
最高出力 (PS/rpm)	68/6500
最大トルク (kg·m/rpm)	8.1/4600
燃料タンク容量 (ℓ)	40
トランスミッション	前進 4 段後進 1 段
ブレーキ	前：円、後：LT
タイヤ	6.15-13-4P
東京地区標準現金価格 (¥)	648,000

本格的なスポーティカーとして開発されたファミリアクーペは、1965年 (昭和40年)11月に追加設定された。スタイリングは、ファミリアのシルエットを活かしつつクーペボディを形成。エンジンには、新開発の鋳鉄製 SOHC 4 気筒 985cc が搭載され、最高速度 145km /h、0-200m 加速 11.7sec という驚異的な性能を発揮した。

また、クラス初のフロントディスクブレーキやロープロフィールタイヤなど、スポーティな装備の採用も話題となり、比較的高価だったのにもかかわらず、月平均 400 台という販売台数を記録。スポーティカーという新たな市場を開拓したモデルのひとつである。

三菱コルト 800 スタンダード

三菱重工業
●発売　1965年11月

車名	三菱コルト 800 デラックス
型式・車種記号	—
全長×全幅×全高 (mm)	3650×1450×1390
ホイールベース (mm)	2200
トレッド前×後 (mm)	1220×1185
最低地上高 (mm)	—
車両重量 (kg)	735
乗車定員 (名)	5
燃料消費率 (km/ℓ)	18
登坂能力	sin θ 0.416
最小回転半径 (m)	4.5
エンジン型式、種類	3G8 型
配列気筒数、弁型式	水冷2サイクル3シリンダー
内径×行程 (mm)	70×73
総排気量 (cc)	843
圧縮比	7.6
最高出力 (PS/rpm)	45/4500
最大トルク (kg·m/rpm)	8.3/3000
燃料タンク容量 (ℓ)	—
トランスミッション	前進4段後進1段　フルシンクロメッシュ式
ブレーキ	油圧内部拡張型、前：2リーディング　後：リーディングトレーリング
タイヤ	6.00-12-4P
東京地区標準現金価格 (¥)	—

コルト800は、日本で初めてファストバックスタイルを採用した小型4輪乗用車で、三菱重工業の水島自動車製作所で開発、製作された。搭載された水冷2サイクル直列3気筒エンジンには、リードバルブやガソリンとオイルの分割給油などの新機構を採用し、2ストロークエンジンの欠点だった低速時での吸気の吹き戻しを抑制。4速MTと組み合わされ最高速度は120km/hを実現していた。

コルト800は、発売当初からデラックスなど4グレードを用意したが、市場では2ストロークエンジンに対するアレルギーが強く、販売面では伸び悩んでしまった。そのため、1966年（昭和41年）9月に4ストロークの1000ccエンジンを搭載したコルト1000Fを追加設定している。

ホンダ S800

本田技研工業

●発売　1966年1月（1965年10月発表）

車名	ホンダ S800
型式・車種記号	AS800 型
全長×全幅×全高 (mm)	3335×1400×1200
ホイールベース (mm)	2000
トレッド前×後 (mm)	1150×1128
最低地上高 (mm)	160
車両重量 (kg)	720
乗車定員 (名)	2
燃料消費率 (km/ℓ)	18
登坂能力	sin θ 0.363
最小回転半径 (m)	4.4
エンジン型式、種類	AS800E 型
配列気筒数、弁型式	直列4気筒 DOHC
内径×行程 (mm)	60×70
総排気量 (cc)	791
圧縮比	9.2
最高出力 (PS/rpm)	70/8000
最大トルク (kg·m/rpm)	6.7/6000
燃料タンク容量 (ℓ)	32
トランスミッション	前進4段後進1段
ブレーキ	前：2L、後：LT
タイヤ	6.15-13-4P
東京地区標準現金価格 (¥)	658,000

ホンダ・スポーツシリーズの集大成として、1965年（昭和40年）の第12回東京モーターショーで発表されたS800は、最高出力70PSを発揮する直列4気筒DOHCの791ccエンジンを搭載。最高速度160km/h、0－400m加速は16.9secとクラストップレベルの動力性能を誇った。

エクステリアでは、バンパーの形状変更により全長を35mm延長。ホンダの「H」マークをモチーフにしたフロントグリルや対米輸出を視野に入れた大型テールランプなどが採用され、ワンランク上のモデルへと生まれ変わったのである。

1966年5月には、特徴的なチェーンドライブシステムからコンベンショナルなリジットアクスルへ変更。その後、安全基準を高めたS800Mへマイナーチェンジされた。

ホンダ S800 クーペ

本田技研工業
●発売　1966年1月（1965年10月発表）

車名	ホンダ S800 クーペ
型式・車種記号 全長×全幅×全高（mm） ホイールベース（mm） トレッド前×後（mm） 最低地上高（mm）	AS800C 型 3335×1400×1195 2000 1150×1128 160
車両重量（kg） 乗車定員（名）	735 2
燃料消費率（km/ℓ） 登坂能力 最小回転半径（m）	18 0.371 4.4
エンジン型式、種類 配列気筒数、弁型式 内径×行程（mm） 総排気量（cc） 圧縮比 最高出力（PS/rpm） 最大トルク（kg·m/rpm） 燃料タンク容量（ℓ）	AS800E 型 直列4気筒 DOHC 60×70 791 9.2 70/8000 6.7/6000 32
トランスミッション ブレーキ タイヤ	前進4段後進1段 前：2L、後：LT 6.15-13-4P
東京地区標準現金価格（¥）	694,000

ホンダS800の発売と同時に用意されたクローズドボディのクーペモデルである。コーダトロンカ形状の美しいファストバックスタイルに必要十分なトランクルームを備え、助手席を倒せば長尺物にも対応。スペアタイヤは、収納ケースをトランク下部へ吊り下げる方式となっていた。

そのほかの基本的なデザインやメカニズムなどに変更はなく、1968年（昭和43年）、S800がマイナーチェンジを受けてS800Mとなった際に、国内販売を中止。その後は輸出仕様のみが製造されている。

ダットサン・サニー 1000 デラックス

日産自動車
●発売　1966年4月

車名	ダットサン・サニー 1000 デラックス
型式・車種記号	B10 型
全長×全幅×全高 (mm)	3820 × 1445 × 1345
ホイールベース (mm)	2280
トレッド前×後 (mm)	1190 × 1180
最低地上高 (mm)	160
車両重量 (kg)	645
乗車定員 (名)	5
燃料消費率 (km/ℓ)	—
最高速度 (km/h)	135
登坂能力	sin θ 0.378
最小回転半径 (m)	4.0
エンジン型式、種類	A10 型
配列気筒数、弁型式	G, 水冷, 4サイクル, 4直シリンダー
内径×行程 (mm)	73 × 59
総排気量 (cc)	988
圧縮比	8.5 : 1
最高出力 (PS/rpm)	56/6000
最大トルク (kg·m/rpm)	7.7/3600
燃料・タンク容量 (ℓ)	35
トランスミッション	前進3段後退1段　フルシンクロメッシュ式
ブレーキ	内部拡張油圧式四輪制動
タイヤ	5.50-12-4PR
価格 (¥)	460,000

「サラリーマンでも購入できるクルマ」をコンセプトに開発された初代サニーは、1966年（昭和41年）4月にデビューした。発売当初は2ドアセダンとバンのみだったが、翌年に4ドアセダン、フロアシフト車、オートマチック車、1968年にはクーペを追加設定し、バリエーションを増やしていった。

エンジンは、アルミ製のシリンダーブロックやヘッドを採用して軽量化を図ったハイカムOHVのA10型で、パワーウエイトレシオは11.2kg/PSをマーク。シンプルなロングノーズ＆ショートデッキスタイルや、最小回転半径4mという扱いやすさも好評を博し、発売されると同時に好調なセールスを記録した。以後、サニーから約半年後に発売されたトヨタ・カローラと大衆車販売戦争を繰り広げるのである。

スバル 1000 スーパーデラックス

富士重工業
●発売　1966年5月

車名	スバル 1000 スーパーデラックス
型式・車種記号	A522 型
全長×全幅×全高 (mm)	3930×1480×1390
ホイールベース (mm)	2420
トレッド前×後 (mm)	1225×1210
最低地上高 (mm)	180
車両重量 (kg)	685
乗車定員 (名)	5
燃料消費率 (km/ℓ)	—
最高速度 (km/h)	135
登坂能力	sin θ 0.354
最小回転半径 (m)	4.8
エンジン型式、種類	EA52 型
配列気筒数、弁型式	G，水冷，4サイクル，4水対シリンダー
内径×行程 (mm)	72×60
総排気量 (cc)	977
圧縮比	9.0：1
最高出力 (PS/rpm)	55/6000
最大トルク (kg·m/rpm)	7.8/3200
燃料・タンク容量 (ℓ)	36
トランスミッション	前進4段後退1段　オールシンクロメッシュ，ハンドルチェンジ
ブレーキ	油圧内部拡張
タイヤ	5.15-13-4PR（扁平タイヤ）
価格 (¥)	545,000

1966年（昭和41年）5月に発売された富士重工業初のセダンモデル。スバル360の上級モデルとして開発された。駆動方式はこれまでのRR方式からFF方式が採用され、それにともない国産車初となる4気筒の水平対向エンジンを搭載した。

さらにデュアルラジエータに電動ファンを備えた冷却システムや、インボードブレーキなど国内初の技術を採用。4輪独立懸架式サスペンション、センターピボット式ラック＆ピニオンステアリングの採用など、まさに航空技術者たちが活躍するスバルの技術の結晶ともいうべきモデルであった。

写真は1967年2月に追加設定された2ドアのスーパーデラックスで、同セグメントの国産車ではトップクラスのドア幅を確保していたモデルである。

マツダ・ボンゴコーチデラックス

東洋工業
●発売　1966年5月

車名	マツダ・ボンゴコーチ デラックス
型式・車種記号	FSAH（A）型
全長×全幅×全高（mm）	3770×1500×1700
ホイールベース（mm）	2000
トレッド前×後（mm）	1195×1145
最低地上高（mm）	205
車両重量（kg）	910
乗車定員（名）	8
燃料消費率（km/ℓ）	20
最高速度（km/h）	100
登坂能力	sin θ 0.292
最小回転半径（m）	4.1
エンジン型式、種類	SA型
配列気筒数、弁型式	G、水冷、4サイクル、4直シリンダー
内径×行程（mm）	58×74
総排気量（cc）	782
圧縮比	8.5：1
最高出力（PS/rpm）	37/5000
最大トルク（kg·m/rpm）	6.3/3000
燃料・タンク容量（ℓ）	30
トランスミッション	前進4段後退1段　2,3,4速シンクロメッシュ
ブレーキ	油圧内部拡張式4輪制動
タイヤ	前 5.00-12-4PR,ULT 後 5.00-12-6PR,ULT
価格（¥）	640,000

マツダが小型車クラスに初めて導入したキャブオーバー車。ペットネームのボンゴとは、機敏な動きが特徴の「アフリカ産カモシカ」のことである。

多目的車として開発されたボンゴシリーズは、発売当初からトラックからコーチ（ワゴン）まで多彩なラインナップを揃えており、写真のコーチデラックスは、日本初の8人乗りキャブオーバータイプの乗用車という記念すべきモデルであった。

使い勝手の優れた超低床ボディを実現するため、ファミリア800シリーズで定評のあったアルミ合金製エンジンをリアに搭載して後輪を駆動するRR方式や、4輪独立懸架サスペンションを採用。スライド式サイドドア付きのバンやコーチは、ビジネスからレジャーまで対応できた。

マツダ・ルーチェデラックス

東洋工業
●発売　1966年8月

車名	マツダ・ルーチェ デラックス
型式・車種記号	SUA型
全長×全幅×全高 (mm)	4370×1630×1410
ホイールベース (mm)	2500
トレッド前×後 (mm)	1330×1320
最低地上高 (mm)	180
車両重量 (kg)	1050
乗車定員 (名)	6
燃料消費率 (km/ℓ)	18
最高速度 (km/h)	150
登坂能力	$\sin \theta\ 0.387$
最小回転半径 (m)	4.9
エンジン型式、種類	UB型
配列気筒数、弁型式	G、水冷、4サイクル、4直シリンダー
内径×行程 (mm)	78×78
総排気量 (cc)	1490
圧縮比	8.2:1
最高出力 (PS/rpm)	78/5500
最大トルク (kg·m/rpm)	11.8/2500
燃料・タンク容量 (ℓ)	50
トランスミッション	前進4段後退1段　前進フルシンクロメッシュ
ブレーキ	油圧内部拡張式4輪制動
タイヤ	6.45-14-4PR
価格 (¥)	695,000

乗用車部門への本格進出を目指していたマツダが、1966年（昭和41年）8月にデビューさせた中型乗用車。ルーチェとは、イタリア語で「光」や「輝き」という意味である。

伸びやかなスタイリングは、カロッツェリアの名門であるベルトーネのオリジナルデザインを、マツダのデザイナーがリファインしたもの。エンジンには、クラス初のSOHC方式が採用され、最高速度150km/h、0－400m加速19.6secとクラストップレベルの性能を発揮。室内の広さも特徴で、1500ccクラスで唯一の6人乗りを実現していた。

その後、スポーティバージョンのSSや新開発の1796cc SOHCエンジンを搭載した1800シリーズなどを追加設定。1972年のフルモデルチェンジ時には、待望のロータリーエンジンが搭載された。

三菱コルト 1000F スポーティデラックス

三菱重工業
●発売　1966年9月

車名	三菱コルト 1000F スポーティデラックス
型式・車種記号	—
全長×全幅×全高 (mm)	3650×1450×1390
ホイールベース (mm)	2200
トレッド前×後 (mm)	1220×1185
最低地上高 (mm)	165
車両重量 (kg)	745
乗車定員 (名)	5
燃料消費率 (km/ℓ)	—
最高速度 (km/h)	135
登坂能力	sin θ 0.414
最小回転半径 (m)	4.5
エンジン型式、種類	KE43 型
配列気筒数、弁型式	G、水冷、4サイクル、4シリンダー
内径×行程 (mm)	72×60
総排気量 (cc)	977
圧縮比	8.5：1
最高出力 (PS/rpm)	55/6000
最大トルク (kg·m/rpm)	7.5/3800
燃料・タンク容量 (ℓ)	—
トランスミッション	前進4段後退1段　フルシンクロ
ブレーキ	油圧内部拡張　前ツーリーディング、後リーディングトレーリング
タイヤ	6.00-12-4PR
価格 (¥)	488,000

1965年（昭和40年）11月、国産車初のファストバックスタイルを採用したコルト800がデビューした。それに4ドアセダンとして販売されていたコルト1000用の977ccエンジンを搭載したモデルが、このコルト1000Fである。

1966年9月から発売されたが、当初はファストバックスタイルにもかかわらず2ドアのみの設定で、3ドアハッチバックが登場したのは翌年の12月であった。その後は、4ドアモデルや1088ccエンジンを搭載した1100Fスポーツ、SUツインキャブレターを装着するなどのチューニングが施された1100Fスーパースポーツなどを追加設定。スポーティな性格を武器に、トヨタ・カローラやダットサン・サニーが発売されて活気づいていた大衆車市場で存在感をアピールしたのである。

いすゞベレット (B) 1300

いすゞ自動車
●発売　1966年11月

車名	いすゞ ベレット (B) 1300
型式・車種記号	—
全長×全幅×全高 (mm)	3990×1495×1415
ホイールベース (mm)	2380
トレッド前×後 (mm)	1225×1225
最低地上高 (mm)	205
車両重量 (kg)	895
乗車定員 (名)	5
燃料消費率 (km/ℓ)	—
最高速度 (km/h)	125
登坂能力	0.407
最小回転半径 (m)	5
エンジン型式、種類	G130 型
配列気筒数、弁型式	G、水冷、4サイクル、4直シリンダー
内径×行程 (mm)	75×75
総排気量 (cc)	1325
圧縮比	7.5：1
最高出力 (PS/rpm)	58/5000
最大トルク (kg・m/rpm)	9.8/1800
燃料・タンク容量 (ℓ)	40
トランスミッション	前進4段、後退1段、オールシンクロメッシュ、フロアチェンジ
ブレーキ	油圧内部拡張
タイヤ	5.60-13-4PR
価格 (¥)	—

いすゞベレットの特徴は、ダイアゴナルリンク式スイングアクスルのリアサスペンションにあったが、その機構がもたらすオーバーステア気味のハンドリング特性はユーザーの間でも賛否両論だった。それを受けて1966年（昭和41年）11月に追加設定されたのが、ベレットBタイプである。

問題となっていたリアサスペンションは、縦置きのリーフスプリングとショックアブソーバによるスタンダードなリーフリジット式へ変更。フロントマスクに楕円形の2灯ヘッドライトを、リアエンドに長方形のテールランプを採用するなど、スタイリングでも差別化を図っていた。これを期に、従来のスイングアクスル採用車をAタイプとしている。

いすゞベレット1500 スポーツ 2 ドア

いすゞ自動車
●発売　1966年11月

車名	いすゞ ベレット 1500 スポーツ 2 ドア
型式・車種記号	—
全長×全幅×全高 (mm)	4030×1495×1390
ホイールベース (mm)	2350
トレッド前×後 (mm)	1245×1195
最低地上高 (mm)	205
車両重量 (kg)	925
乗車定員 (名)	5
燃料消費率 (km/ℓ)	—
最高速度 (km/h)	150
登坂能力	sin θ 0.399
最小回転半径 (m)	5.0
エンジン型式、種類	G150 型
配列気筒数、弁型式	G、水冷、4サイクル、4直シリンダー
内径×行程 (mm)	79×75
総排気量 (cc)	1471
圧縮比	8.5:1
最高出力 (PS/rpm)	77/5400
最大トルク (kg・m/rpm)	12/4200
燃料・タンク容量 (ℓ)	40
トランスミッション	前進4段後退1段　オールシンクロメッシュ式
ブレーキ	内部拡張式四輪ブレーキ　前ディスクブレーキ　後リーディングトレーリング
タイヤ	5.60-13-4PR
価格 (¥)	691,000

1966年（昭和41年）11月に追加設定された1967年型ベレットのスポーティモデル。スタンダードなセダンと本格的なスポーツセダンとして開発されていたGTの間を埋める役目を担っていた。

ベース車はセダンのデラックス仕様で、G150型エンジンにSUツインキャブレターを装着し、最高出力で9PS、最大トルクで0.7kg・mの向上に成功。さらにフロントディスクブレーキ、リクライニングシート、タコメーター、セーフティベルトを標準装備していた。

写真は2ドア仕様だが4ドア仕様も用意されており、のちにエンジン排気量が1584ccに高められ、最終モデルには1817ccが搭載されている。

ダイハツ・フェロースーパーデラックス

ダイハツ工業
●発売　1966年11月

車名	ダイハツ・フェロー スーパーデラックス
型式・車種記号	L37Su 型
全長×全幅×全高 (mm)	2990×1285×1350
ホイールベース (mm)	1990
トレッド前×後 (mm)	1110×1050
最低地上高 (mm)	155
車両重量 (kg)	515
乗車定員 (名)	4
燃料消費率 (km/ℓ)	28
最高速度 (km/h)	100（または 90）
登坂能力	sin θ 0.338（または 0.377）
最小回転半径 (m)	4.2
エンジン型式、種類	ZM 型
配列気筒数、弁型式	G, 水冷, 2サイクル, 2直シリンダー
内径×行程 (mm)	62×59
総排気量 (cc)	356
圧縮比	9.0:1
最高出力 (PS/rpm)	23/5000
最大トルク (kg·m/rpm)	3.5/4000
燃料・タンク容量 (ℓ)	25
トランスミッション	前進4段後退1段　2,3,4速シンクロ メッシュ　1R 選択摺動式
ブレーキ	油圧内部拡張式リーディングトレーリング
タイヤ	5.20-10-4PR
価格 (¥)	398,000

ミゼットやハイゼットなど軽商用車で実績のあったダイハツが、初めて手掛けた軽乗用車。フェローとは「仲間」や「同僚」という意味で、同社から発売されていた小型乗用車のコンパーノと同意語である。

プリズムカットと呼ばれた斬新なスタイリングには、日本初となる角型ヘッドライトを採用。軽自動車という限られたスペースのなかで大人4人の乗車を可能にし、独立したトランクルームを確保するなど、ユーティリティ性能も優れていた。

エンジンは軽商用車で定評を得ていた水冷2サイクルの2気筒で、2〜4速にシンクロメッシュ機構を備えた4速MTを介して後輪を駆動。サスペンションは4輪独立懸架式であった。

トヨタ・カローラデラックス

トヨタ自動車工業

●発売　1966年11月（1966年10月発表）

車名	トヨタ・カローラ デラックス
型式・車種記号	KE10D 型
全長×全幅×全高 (mm)	3845×1485×1380
ホイールベース (mm)	2285
トレッド前×後 (mm)	1230×1220
最低地上高 (mm)	170
車両重量 (kg)	710
乗車定員 (名)	5
燃料消費率 (km/ℓ)	22
最高速度 (km/h)	140
登坂能力	$\sin\theta$ 0.405
最小回転半径 (m)	4.55
エンジン型式、種類	K 型
配列気筒数、弁型式	G，水冷，4サイクル，4直シリンダー
内径×行程 (mm)	75×61
総排気量 (cc)	1077
圧縮比	9.0:1
最高出力 (PS/rpm)	60/6000
最大トルク (kg·m/rpm)	8.5/3800
燃料・タンク容量 (ℓ)	36
トランスミッション	前進4段後退1段，オールシンクロメッシュ，フロア直接式
ブレーキ	前ツーリーディング，後リーディングトレーリング
タイヤ	6.00-12-4PR
価格 (¥)	495,000

急激なモータリゼーションの発展に備え、日本のハイ・コンパクトカーとして開発された大衆乗用車である。車名の由来は「花冠」からで、クラウンやコロナと同様に「冠」をイメージしたものであった。

スタイリングは、世界的に流行していたセミファストバックを採用。エンジンには、ハイウェイ時代を見据えて新開発された1077ccのK型を搭載。さきに発売されたダットサン・サニーはもちろんのこと、海外市場でオースチン1100などの欧州車と対抗するために100ccの余裕を持たせたのである。

数々の新機構を満載したカローラは、発売されるとコロナに次ぐ販売台数を記録。翌年に待望の4ドアセダンが発売されるとその人気は一気に爆発し、ベストセラーカーの座を不動のものとした。

いすゞベレット 1600GT ファストバック

いすゞ自動車
●発売　1966年12月

車名	いすゞベレット 1600GT ファストバック
型式・車種記号	PR91
全長×全幅×全高（mm）	4005×1495×1335
ホイールベース（mm）	2350
トレッド前×後（mm）	1245×1215
最低地上高（mm）	215
車両重量（kg）	975
乗車定員（名）	4
燃料消費率（km/ℓ）	—
最高速度（km/h）	160
登坂能力	sin θ 0.397
最小回転半径（m）	5
エンジン型式、種類	G161 型（ツインキャブ付）
配列気筒数、弁型式	G、水冷、4サイクル、4直シリンダー
内径×行程（mm）	82×75
総排気量（cc）	1584
圧縮比	9.3：1
最高出力（PS/rpm）	90/5400
最大トルク（kg・m/rpm）	13/4200
燃料・タンク容量（ℓ）	40
トランスミッション	前進4段後退1段　オールシンクロメッシュ、フロアチェンジ
ブレーキ	前ディスク　油圧内部拡張
タイヤ	5.60-13-4PR
価格（¥）	957,000

本格的なスポーツセダンとして好評を得ていたベレット1600GTに、スタイリッシュで機能的なファストバックボディを採用したスペシャリティカー。1966 年（昭和41 年）12 月中旬から受注生産で販売された。

最高出力90PSを発揮するエンジンは、同年にリファインを受けたベレット1600GT同様に5ベアリングを採用。リアサスペンションには、シャープなハンドリングをもたらすダイアゴナルリンク式スイングアクスルが採用されていた。

その他、インテリアなどもベース車の1600GTをほぼ踏襲している。

また、ユーティリティ性能の高さも特徴で、リアシートとバックレストを倒せば、広大なラゲッジスペースを確保することができた。

トヨタ・パブリカディタッチャブルトップ

トヨタ自動車工業
●発売　1966年12月（1966年11月発表）

車名	トヨタ・パブリカ ディタッチャブルトップ
型式・車種記号	UP20S-B 型
全長×全幅×全高 (mm)	(3620×1415×1335)
ホイールベース (mm)	(2130)
トレッド前×後 (mm)	1203×1160
最低地上高 (mm)	(170)
車両重量 (kg)	(640)
乗車定員 (名)	4
燃料消費率 (km/ℓ)	(24)
最高速度 (km/h)	(125)
登坂能力	(sin θ 0.44)
最小回転半径 (m)	(4.35)
エンジン型式、種類	(2U 型)
配列気筒数、弁型式	(G、空冷、4サイクル、水、2シリンダー)
内径×行程 (mm)	83×73
総排気量 (cc)	(790)
圧縮比	(9.0：1)
最高出力 (PS/rpm)	(45/5400)
最大トルク (kg・m/rpm)	(6.8/3800)
燃料・タンク容量 (ℓ)	31
トランスミッション	(前進4段後退1段　フロアシフト)
ブレーキ	(油圧内部拡張4輪制動)
タイヤ	6.00-12-4PR
価格 (¥)	564,000

（　）内は 1966 年式のパブリカコンバーティブル

トヨタ・スポーツ800と同様の2U型エンジンを搭載するなど、本格的なスポーツカーに生まれ変わったUP20系のパブリカ・コンバーティブルに設定されたディタッチャブルトップ仕様で、取り外し可能なプラスチック製ハードトップを装着したことが最大の特徴である。

UP20系パブリカは、インストルメントパネルのデザインをよりスポーティに一新したことも特徴。従来の半円型スピードメーターを大径丸型スピードメーターへ変更して左側に、燃料計と水温計のコンビメーターを中央に、6000rpmまで刻まれたタコメーターを右側に配したアバルト風の3連メーターを採用していた。

生産台数は100台に満たないといわれており、非常に稀少なモデルである。

ホンダ N360 ファミリータイプ

本田技研工業
●発売　1967年3月

車名	ホンダ N360 ファミリータイプ
型式・車種記号	N360型
全長×全幅×全高 (mm)	2995×1295×1345
ホイールベース (mm)	2000
トレッド前×後 (mm)	1125×1100
最低地上高 (mm)	185
車両重量 (kg)	475
乗車定員 (名)	4
燃料消費率 (km/ℓ)	28
最高速度 (km/h)	115
登坂能力	sin θ 0.342
最小回転半径 (m)	4.4
エンジン型式、種類	N360E型
配列気筒数、弁型式	G、空冷、OHC、4サイクル、 2並列シリンダー
内径×行程 (mm)	62.5×57.8
総排気量 (cc)	354
圧縮比	8.5：1
最高出力 (PS/rpm)	31/8500
最大トルク (kg・m/rpm)	3.0/5500
燃料・タンク容量 (ℓ)	26
トランスミッション	前進4段後退1段　常時噛合い式, ダッシュシフト式
ブレーキ	油圧内部拡張
タイヤ	5.20-10-2PR
価格 (¥)	315,000

ホンダが初めて世に送り出した軽乗用車のN360は、当時としては先進的な技術であった軽量なサブフレーム式モノコックボディを採用するなど、ホンダのモノづくりのノウハウをすべて注ぎ込んだモデルであった。

室内空間を最大限に確保するため、評価の高まりつつあったFF方式を採用。軽自動車初のSOHCエンジンは、CB450コンドルの450cc空冷4サイクル2気筒DOHCエンジンを4輪用に改造したもので、8500rpmという高回転で31PSを発揮。最高速度は115km/hとクラストップの数値をマークした。販売面でも好調なスタートを切ったN360は、スポーツタイプの追加などバリエーションを増やし、発売からわずか44カ月で国内販売台数100万台を突破。日本を代表する国民車へと成長するのである。

ニッサン・グロリアスーパーデラックス

日産自動車
●発売　1967年4月

車名	ニッサン・グロリア スーパーデラックス
型式・車種記号	PA30-QM 型
全長×全幅×全高 (mm)	4690×1695×1445
ホイールベース (mm)	2690
トレッド前×後 (mm)	1385×1390
最低地上高 (mm)	175
車両重量 (kg)	1295
乗車定員 (名)	6
燃料消費率 (km/ℓ)	—
最高速度 (km/h)	160
登坂能力	$\sin\theta\ 0.417$
最小回転半径 (m)	5.5
エンジン型式、種類	G7 型
配列気筒数、弁型式	G, 水冷, 4サイクル, 6直シリンダー
内径×行程 (mm)	75×75
総排気量 (cc)	1988
圧縮比	8.8:1
最高出力 (PS/rpm)	105/5200
最大トルク (kg·m/rpm)	16.0/3600
燃料・タンク容量 (ℓ)	50
トランスミッション	前進4段後退1段、オールシンクロメッシュ、オーバードライブ付、ハンドルチェンジ
ブレーキ	前ディスク後油圧内部拡張, 倍力装置付
タイヤ	6.95-14-4PR
価格 (¥)	1,110,000

日産自動車とプリンス自動車の合併後、最初に発売されたモデルがこの3代目グロリア。プリンスの名が消され、ニッサン・グロリアとしてのデビューであったが、開発は旧プリンス自動車陣が担当した。

しかし、モノコックボディや6気筒エンジンを除けば、旧日産系車種との部品の共通化が実施され、プリンス・グロリアの特徴であったド・ディオン式のリアサスペンションはリーフリジット式へ変更。4気筒エンジンやトランスミッションは、セドリックのものを取り付けてコストダウンを図っていた。

写真のスーパーデラックスは、フォークを模したフロントグリルパターンや国産車初のヘッドレスト組込み式シートなどを採用。御料車のプリンスロイヤル風に仕上げられた最高級グレードである。

スズキ・フロンテ 360 スタンダード

鈴木自動車工業

●発売　1967年5月（発表1967年4月）

車名	スズキ・フロンテ 360 スタンダード
型式・車種記号	LC10 型
全長×全幅×全高 (mm)	2995×1295×1330
ホイールベース (mm)	1960
トレッド前×後 (mm)	1120×1060
最低地上高 (mm)	190
車両重量 (kg)	420
乗車定員 (名)	4
燃料消費率 (km/ℓ)	28
最高速度 (km/h)	110
登坂能力	sin θ 0.402
最小回転半径 (m)	3.9
エンジン型式、種類	LC10 型
配列気筒数、弁型式	G、空冷、2サイクル、3直シリンダー
内径×行程 (mm)	52×56
総排気量 (cc)	356
圧縮比	6.8 : 1
最高出力 (PS/rpm)	25/5000
最大トルク (kg·m/rpm)	3.7/4000
燃料・タンク容量 (ℓ)	23
トランスミッション	前進4段後退1段　2～4速シンクロメッシュ、フロアチェンジ
ブレーキ	油圧内部拡張
タイヤ	4.80-10-2PR
価格 (¥)	322,000

1967年（昭和42年）4月、スズライトフロンテの後継モデルとしてデビューしたフロンテ360は、プラットフォームから完全に新設計した意欲作であった。

駆動方式は従来のFF方式からRR方式へ変更され、リアサスペンションはトレーリングアーム式へ一新。エンジンには、単気筒を並列させたようなユニークな機構の空冷2サイクル3気筒が採用されていた。

丸みを帯びたキュートなボディには、当時の流行だったコークボトルラインが採用され、シンプルながらも複雑な面構成となった。

翌年の11月には、リッターあたり100PSの高性能エンジンを搭載したSSを追加設定。最高速度125km/h、0-400m加速19.95secという動力性能は、当時の軽乗用車の中でトップレベルであった。

トヨタ 2000GT

トヨタ自動車工業
●発売　1967年5月

車名	トヨタ 2000GT
型式・車種記号	MF10型
全長×全幅×全高（mm）	4175×1600×1160
ホイールベース（mm）	2330
トレッド前×後（mm）	1300×1300
最低地上高（mm）	155
車両重量（kg）	1120
乗車定員（名）	2
燃料消費率（km/ℓ）	—
最高速度（km/h）	220
登坂能力	sin θ 0.567
最小回転半径（m）	5.0
エンジン型式、種類	3M型
配列気筒数、弁型式	G，水冷，4サイクル，6直シリンダー
内径×行程（mm）	75×75
総排気量（cc）	1998
圧縮比	8.4:1
最高出力（PS/rpm）	150/6600
最大トルク（kg・m/rpm）	18.0/5000
燃料・タンク容量（ℓ）	60
トランスミッション	前進5段後退1段　オールシンクロメッシュ，フロアチェンジ
ブレーキ	油圧ディスク，真空倍力装置付
タイヤ	165HR-15
価格（¥）	2,380,000

日本車の技術水準を世に問うためトヨタ自動車が開発した日本初の本格的GTカー。日本初のリトラクタブルヘッドランプを採用したファストバックスタイルは圧倒的な存在感を示し、本革張りのバケットシートや本木目があしらわれたインテリアは、GTカーを名乗るにふさわしい仕上がりを見せていた。ヤマハ発動機と共同開発した3M型エンジンは、クラウン用の6気筒をベースにヘッドをDOHC化するなど数々のチューニングを実施。フルシンクロの5速MTを介して、最高速度220km/h、0-400m加速15.9secという動力性能は、世界中のGTカーと比べてもトップレベルであった。

当時の最新技術を満載した2000GTは、海外でも絶賛され、トヨタのブランドイメージ向上に一役買ったのである。

マツダ・コスモスポーツ

東洋工業
●発売　1967年5月

車名	マツダ・コスモスポーツ
型式・車種記号 全長×全幅×全高 (mm) ホイールベース (mm) トレッド前×後 (mm) 最低地上高 (mm)	L10A 型 4140×1595×1165 2200 1250×1240 125
車両重量 (kg) 乗車定員 (名)	940 2
燃料消費率 (km/ℓ) 最高速度 (km/h) 登坂能力 最小回転半径 (m)	13.5 185 sin θ 0.524 4.9
エンジン型式、種類 配列気筒数、弁型式 内径×行程 (mm) 総排気量 (cc) 圧縮比 最高出力 (PS/rpm) 最大トルク (kg·m/rpm) 燃料・タンク容量 (ℓ)	10A 型 G, 水冷, バンケルサイクル, 2ローター — ロータリーエンジン (491×2) 9.4:1 110/7000 13.3/3500 57
トランスミッション ブレーキ タイヤ	前進4段後退1段　オールシンクロメッシュ, フロアチェンジ 前ディスク後油圧内部拡張 6.45H-14-4PR
価格 (¥)	1,480,000

世界で初めてロータリーエンジンの量産化に成功したマツダが、その性能を世にアピールするために専用開発したスポーツクーペ。世界初のマルチローター式ロータリーエンジン搭載車でもある。

低く流麗なスタイルのモノコックボディに、サイドポート吸入式2ローターのロータリーエンジンを搭載したコスモスポーツは、最高速度185km/h、0−400m加速16.3secという優れた性能を発揮。サスペンションにはフロントにダブルウイッシュボーン式、リアにド・ディオン式が採用されていた。

発売翌年の1968年（昭和43年）7月には、フロントグリルの変更やホイールベースの延長に加え、エンジンの出力向上や5速MTを搭載するなど、大幅な改良を受けたニューコスモスポーツが発売された。

いすゞユニキャブ

いすゞ自動車
●発売　1967年7月

車名	いすゞユニキャブ
型式・車種記号	KR80 型
全長×全幅×全高 (mm)	3655 × 1500 × 1710
ホイールベース (mm)	2100
トレッド前×後 (mm)	1240 × 1220
最低地上高 (mm)	205
車両重量 (kg)	985
乗車定員 (名)	4
燃料消費率 (km/ℓ)	—
最高速度 (km/h)	115
登坂能力	$\sin \theta$ 0.390
最小回転半径 (m)	4.5
エンジン型式、種類	G130 型
配列気筒数、弁型式	G，水冷，4サイクル，4シリンダー
内径×行程 (mm)	75 × 75
総排気量 (cc)	1325
圧縮比	7.5：1
最高出力 (PS/rpm)	58/5000
最大トルク (kg·m/rpm)	9.8/1800
燃料・タンク容量 (ℓ)	35
トランスミッション	前進4段後退1段　オールシンクロメッシュ，フロアチェンジ
ブレーキ	油圧内部拡張
タイヤ	6.00–14–6PR
価格 (¥)	495,000

いすゞ自動車が開発したジープタイプの多目的車。1966年（昭和41年）の東京モーターショーで参考出品され、翌年から49.5万円という低価格で販売された。

幌付きのオープンボディは、同社のピックアップトラックであるワスプのシャシーを流用しながら、ホイールベースを400mm短縮。エンジンはベレットシリーズで定評のあったG130型を搭載したが、駆動方式はスタンダードなFR方式で4輪駆動車ではなかった。また、幌の巻き上げや取り外しはもちろんのこと、フロントウインドウの前倒しも可能だったため、様々なシチュエーションで活躍。エンジンの排気量アップなどのリファインを受けながら、1974年まで生産された。

ダットサン・ブルーバード 1300 4ドアスタンダード

日産自動車

●発売　1967年8月

車名	ダットサン・ブルーバード 1300 4ドアスタンダード
型式・車種記号	510S 型
全長×全幅×全高 (mm)	4070×1560×1400
ホイールベース (mm)	2420
トレッド前×後 (mm)	1280×1280
最低地上高 (mm)	190
車両重量 (kg)	880
乗車定員 (名)	5
燃料消費率 (km/ℓ)	18.5
最高速度 (km/h)	145
登坂能力	$\sin\theta$ 0.387
最小回転半径 (m)	4.8
エンジン型式、種類	L13 型
配列気筒数、弁型式	G、水冷、4サイクル、4傾直シリンダー
内径×行程 (mm)	83×59.9
総排気量 (cc)	1296
圧縮比	8.5:1
最高出力 (PS/rpm)	72/6000
最大トルク (kg·m/rpm)	10.5/3600
燃料・タンク容量 (ℓ)	46
トランスミッション	前進3段後退1段、オールシンクロメッシュ、ハンドルチェンジ
ブレーキ	油圧内部拡張
タイヤ	5.60-13-4PLT
価格 (¥)	560,000

モデル末期となりトヨペット・コロナとの販売競争で差をつけられていた2代目ブルーバードは、1967年（昭和42年）8月に待望のフルモデルチェンジを果たす。

510系と呼ばれた3代目は、先代の不振の原因といわれたスタイリングをロングノーズ＆ショートデッキへ一新。くさび型のシャープなシルエットは、スーパーソニックラインと名付けられた。技術面では、1296cc 4気筒SOHCエンジンや4輪独立懸架式サスペンション、カーブドドアガラスなど7つの新機構を採用。乗り心地、走行性能、安全性などすべての点で進化を遂げたのである。

発売されるとすぐに人気モデルとなり、国内販売は月1万台のペースで好調に推移。ライバルのコロナと再び激戦を繰り広げるまでに回復した。

ダットサン・ブルーバード 1600
スーパースポーツセダン

日産自動車
●発売　1967年8月

車名	ダットサン・ブルーバード 1600 スーパースポーツセダン
型式・車種記号	P510TK 型
全長×全幅×全高 (mm)	4120×1560×1400
ホイールベース (mm)	2420
トレッド前×後 (mm)	1330×1330
最低地上高 (mm)	190
車両重量 (kg)	915
乗車定員 (名)	5
燃料消費率 (km/ℓ)	16.5
最高速度 (km/h)	165
登坂能力	$\sin\theta$ 0.487
最小回転半径 (m)	4.8
エンジン型式、種類	L16 型
配列気筒数、弁型式	G，水冷，4サイクル，4傾直シリンダー
内径×行程 (mm)	83×73.7
総排気量 (cc)	1595
圧縮比	9.5:1
最高出力 (PS/rpm)	100/6000
最大トルク (kg・m/rpm)	13.5/4000
燃料・タンク容量 (ℓ)	46
トランスミッション	前進4段後退1段，オールシンクロメッシュ，フロアチェンジ
ブレーキ	前ディスク後油圧内部拡張
タイヤ	5.00-13-4PR
価格 (¥)	755,000

3代目ブルーバードは、先代で好評だったスポーティモデルの1600スーパースポーツセダン（SSS）を発売時からラインナップした。エンジンは最高出力100PSを発揮する1595ccの4気筒SOHCに変更され、最高速度165km/h、0-400m加速17.7secと先代を上回る動力性能を実現。サスペンションは4輪独立懸架式となり、フロントディスクブレーキを標準装備するなど、さらなる進化を遂げていた。

先代の1600SSSもラリーで名をはせたが、この510系の活躍はそれを上回るものであった。特にサファリラリーでは、1968年（昭和43年）に初参戦を果たすと、翌年にクラス優勝、1970年には総合、クラス、メーカーチームで優勝という完全制覇を成し遂げたのである。

トヨタ 1600GT

トヨタ自動車工業
●発売　1967年8月

車名	トヨタ 1600GT
型式・車種記号	RT55
全長×全幅×全高 (mm)	4125 × 1565 × 1375
ホイールベース (mm)	2420
トレッド前×後 (mm)	1290 × 1270
最低地上高 (mm)	180
車両重量 (kg)	1030
乗車定員 (名)	4
燃料消費率 (km/ℓ)	—
最高速度 (km/h)	175
登坂能力	sin0.470
最小回転半径 (m)	4.95
エンジン型式、種類	9R 型
配列気筒数、弁型式	G、水冷、4サイクル、4直シリンダー
内径×行程 (mm)	80.5 × 78
総排気量 (cc)	1587
圧縮比	9.0：1
最高出力 (PS/rpm)	110/6200
最大トルク (kg·m/rpm)	14.0/5000
燃料・タンク容量 (ℓ)	45
トランスミッション	前進4段後退1段　オールシンクロメッシュ，フロアチェンジ
ブレーキ	ディスク油圧内部拡張，真空倍力装置付，安全装置付 (P.C.V)
タイヤ	6.45-14-4PR
価格 (¥)	960,000

RT40系のコロナハードトップ1600Sをベースに開発されたスポーツモデル。当時数々のレースで大活躍していたRTXの市販化バージョンである。

トヨタ2000GTを手掛けたヤマハ発動機がチューニングを担当したエンジンは、コロナ1600Sの4R型をベースに、アルミニウム製DOHCのヘッド、ソレックスタイプのツインキャブレターなどを採用した9R型を搭載。最高速度175km/h、0－400m加速17.3secとクラストップレベルの性能を発揮した。

そのほか、LSDや強化クラッチ、ロープロファイルタイヤなどを標準装備。バケットシートなどトヨタ2000GTとの共通パーツもユーザーの心をくすぐった。トヨタ2000GTに隠れがちだが、その優れた性能やレースでの活躍は、今も語り継がれている。

トヨタ・ランドクルーザーライトバン

トヨタ自動車工業
●発売　1967年8月（発表は1967年7月）

車名	トヨタ・ランドクルーザー ライトバン
型式・車種記号	FJ55V 型
全長×全幅×全高 (mm)	4675×1735×1865
ホイールベース (mm)	2700
トレッド前×後 (mm)	1405×1400
最低地上高 (mm)	210
車両重量 (kg)	1810
乗車定員 (名)	6
燃料消費率 (km/ℓ)	—
最高速度 (km/h)	130
登坂能力	sin θ 0.637
最小回転半径 (m)	6.2
エンジン型式、種類	F型
配列気筒数、弁型式	G、水冷、4サイクル、6直シリンダー
内径×行程 (mm)	90×101.6
総排気量 (cc)	3878
圧縮比	7.8:1
最高出力 (PS/rpm)	125/3600
最大トルク (kg·m/rpm)	29/2000
燃料・タンク容量 (ℓ)	90
トランスミッション	前進3段後退1段　2〜3速シンクロメ ッシュ、ハンドルチェンジ
ブレーキ	油圧、内部拡張、真空倍力装置付
タイヤ	7.00-15-6PR
価格 (¥)	1,085,000

1951年（昭和26年）に発売されて以来、国内外を問わず安定した人気を誇っていたランドクルーザーシリーズに追加された貨客兼用車。4輪駆動車が将来、レジャーなどの多角的に使われることを先読みして開発されたのである。

登録上は商用車であったが、「ムース（へら鹿の一種）」の愛称で呼ばれたユニークなスタイリングや装備、インテリアは乗用車ライクに仕上げられており、高速耐久性を高めた改良型の3878cc F型エンジンを搭載するなど、高速走行へ対応も万全であった。

しかし、時代が早すぎたのか国内販売は低調に終わってしまったが、国内SUVのパイオニア的なモデルであったことは間違いない。

ニッサン・プリンススカイライン 1500 デラックス

日産自動車
●発売　1967年8月

車名	ニッサン・プリンススカイライン 1500 デラックス
型式・車種記号	S57D-1 型
全長×全幅×全高 (mm)	4100×1495×1425
ホイールベース (mm)	2390
トレッド前×後 (mm)	1255×1235
最低地上高 (mm)	175
車両重量 (kg)	920
乗車定員 (名)	5
燃料消費率 (km/ℓ)	—
最高速度 (km/h)	160
登坂能力	sin θ 0.39 (0.44)
最小回転半径 (m)	4.85
エンジン型式、種類	G15 型
配列気筒数、弁型式	G，水冷，4サイクル，4直シリンダー
内径×行程 (mm)	82×70.2
総排気量 (cc)	1483
圧縮比	8.5：1
最高出力 (PS/rpm)	88/6000
最大トルク (kg·m/rpm)	12.2/4000
燃料・タンク容量 (ℓ)	40
トランスミッション	前進3 (4) 段，後退1段，オールシンクロメッシュ，ハンドルチェンジ (フロアチェンジ)
ブレーキ	油圧内部拡張
タイヤ	5.60-13-4PR
価格 (¥)	644,000

S50系と呼ばれた2代目スカイラインシリーズの最終モデル。名称は「ニッサン・プリンススカイライン」へ変更され、フロントグリルには「NISSAN」のエンブレムが追加されている。

写真のデラックスは、ロッカーアーム採用のSOHCクロスフローヘッドを装着したG15型エンジンを搭載しており、最高速度は160km/hとクラストップレベルの動力性能をマーク。フロントマスクには、最高出力を誇示するがごとく「88」の数字をモチーフにした赤バッチが与えられていた。

このモデルを最後に、スカイラインからプリンスの名が消えることになるが、のちに名車として讃えられることとなる3代目スカイラインのC10型は、プリンス自動車による開発である。

トヨペット・クラウン

トヨタ自動車工業
●発売 1967年9月

車名	トヨペット・クラウン
型式・車種記号	RS50 型
全長×全幅×全高 (mm)	4665×1690×1455
ホイールベース (mm)	2690
トレッド前×後 (mm)	1350×1375
最低地上高 (mm)	195
車両重量 (kg)	1195
乗車定員 (名)	6
燃料消費率 (km/ℓ)	—
最高速度 (km/h)	140
登坂能力	$\sin\theta$ 0.356
最小回転半径 (m)	5.5
エンジン型式、種類	5R 型
配列気筒数、弁型式	G、水冷、4サイクル、4直シリンダー
内径×行程 (mm)	88×82
総排気量 (cc)	1994
圧縮比	8.0：1
最高出力 (PS/rpm)	93/5000
最大トルク (kg・m/rpm)	15/3000
燃料・タンク容量 (ℓ)	65
トランスミッション	前進3段後退1段　オールシンクロメッシュ、ハンドルチェンジ
ブレーキ	油圧内部拡張
タイヤ	6.40-14-4PR
価格 (¥)	750,000

1967年（昭和42年）9月に3代目となったクラウンは、高速道路網の急速な拡大を前にして、高速走行での操縦安定性や居住性の向上に加え、振動騒音対策や安全装備の充実が図られたモデルであった。

スタイリングは、より低く、長くなったプロポーションに曲面ガラスを採用することで広がり感を表現し、サイドレリーフラインによって全体を引き締めるという斬新な手法によってデザインされた。ペリメーターフレームの採用などにより、大幅に拡大された室内空間も3代目の特徴である。

写真は4気筒エンジンのRS50系だが、3代目の主役は6気筒エンジンを搭載するMS50系で、白いボディカラーのオーナーデラックスは社会現象ともいえるほどの人気を博した。

トヨタ・ハイエースワゴンデラックス

トヨタ自動車工業
●発売　1967年10月

車名	トヨタ・ハイエースワゴンデラックス
型式・車種記号	RH10型
全長×全幅×全高（mm）	4310×1690×1880
ホイールベース（mm）	2350
トレッド前×後（mm）	1360×1355
最低地上高（mm）	180
車両重量（kg）	1265
乗車定員（名）	9
燃料消費率（km/ℓ）	—
最高速度（km/h）	110
登坂能力	sin θ 0.364
最小回転半径（m）	5.0
エンジン型式、種類	2R型
配列気筒数、弁型式	G、水冷、4サイクル、4直シリンダー
内径×行程（mm）	78×78
総排気量（cc）	1490
圧縮比	8.0：1
最高出力（PS/rpm）	70/5000
最大トルク（kg·m/rpm）	11.5/2600
燃料・タンク容量（ℓ）	45
トランスミッション	前進4段後退1段　オールシンクロメッシュ、ハンドルチェンジ
ブレーキ	油圧内部拡張
タイヤ	6.00-13-6PR
価格（¥）	795,000

欧州諸国などで主流となっていた全天候型の商用車が日本でも受け入れられると判断したトヨタは、1967（昭和42年）10月にまったく新しい貨客兼用車としてハイエースシリーズを発売する。

低床式のフルキャブオーバーボディには、このクラスでは世界でも珍しかったユニットコンストラクション構造を採用。フロントサスペンションにコイルバネを使用した独立懸架式を奢るなど、乗用車なみの乗り心地を実現していた。

写真のワゴンデラックスは、ラジオ、ヒーターなどを装備した5ナンバー登録の9人乗りワゴンである。フルリクライニング機構付き2列目シートや前方へ折り畳める3列目シートを採用しており、多彩なシートアレンジが楽しめた。

いすゞフローリアン 1600 オートマチック

いすゞ自動車
●発売　1967年11月

車名	いすゞフローリアン 1600 オートマチック
型式・車種記号	PA20 型
全長×全幅×全高 (mm)	4250×1600×1445
ホイールベース (mm)	2500
トレッド前×後 (mm)	1310×1300
最低地上高 (mm)	172
車両重量 (kg)	965
乗車定員 (名)	6
燃料消費率 (km/ℓ)	—
最高速度 (km/h)	140
登坂能力	$\sin \theta$ 0.400
最小回転半径 (m)	5.2
エンジン型式、種類	G161 型（シングルキャブ）
配列気筒数、弁型式	G，水冷，4サイクル，4直シリンダー
内径×行程 (mm)	82×75
総排気量 (cc)	1584
圧縮比	8.7:1
最高出力 (PS/rpm)	84/5200
最大トルク (kg·m/rpm)	12.4/2600
燃料・タンク容量 (ℓ)	46
トランスミッション	3要素1段トルクコンバータ・自動変速機，ハンドルチェンジ
ブレーキ	油圧内部拡張，真空倍力装置付
タイヤ	5.60-13-4PR
価格 (¥)	708,000

いすゞ自動車が、ベレルとベレットの間を埋めるべく開発した4ドアセダン。1966 年（昭和41 年）の東京モーターショーで出品されていたいすゞ117 の市販化バージョンで、セミファストバック風のフォルムは、イタリアのカロッツェリアであるギアに所属していたジウジアーロによってデザインされたという。シャシーはモノコックで、サスペンションは、フロントにダブルウイッシュボーン式、リアにリーフリジット式を採用。エンジンは、ベレット1600GTのものをデチューンして搭載していた。

写真のモデルは、ボルグワーナー製の自動変速機を搭載したオートマチック仕様。のちにSU型ツインキャブレターを採用したTSなどを追加設定している。

トヨタ・センチュリー

トヨタ自動車工業
●発売　1967年11月（1967年9月発表）

車名	トヨタ・センチュリー
型式・車種記号	VG20-B 型
全長×全幅×全高 (mm)	4980×1890×1450
ホイールベース (mm)	2860
トレッド前×後 (mm)	1520×1540
最低地上高 (mm)	175
車両重量 (kg)	1665
乗車定員 (名)	6
燃料消費率 (km/ℓ)	—
最高速度 (km/h)	170
登坂能力	$\sin \theta\ 0.338$
最小回転半径 (m)	5.7
エンジン型式、種類	3V 型
配列気筒数、弁型式	G、水冷、4サイクル、8Vシリンダー
内径×行程 (mm)	78×78
総排気量 (cc)	2981
圧縮比	9.8：1
最高出力 (PS/rpm)	150/5200
最大トルク (kg·m/rpm)	24/3600
燃料・タンク容量 (ℓ)	90
トランスミッション	前進3段後退1段、オールシンクロメッシュ、ハンドルチェンジ
ブレーキ	油圧内部拡張、真空倍力装置付
タイヤ	7.35-14-6PR
価格 (¥)	2,080,000

日本の代表として「世紀を画するクルマ」という意味が込められたセンチュリーは、トヨタ初の本格的大型乗用車である。開発にあたっては、メルセデス300SEなど世界の高級車が目標に掲げられたという。

最高級車にふさわしい威厳あるエクステリアは、鳳凰のエンブレムや日本をモチーフにしたボディカラーを採用し、日本の代表車であることを強調。厳選した素材をあしらったインテリアには、EL照明やオートドライブなど、世界の高級車に引けを取らない豪華装備が採用された。

アルミ製V8エンジンには、ロチェスター型4バレルキャブレターやサブタンク付きクロスフロー型ラジエータなど当時の最新技術を惜しみなく投入。メカニズム面でも世界に誇れる高級車に仕上げられたのである。

ジープ®J32型

三菱重工業
●発売　1967年一月

車名	ジープ®J32型 (1967年式)		
型式・車種記号	J32型		
全長×全幅×全高 (mm)	4100×1670×1950		
ホイールベース (mm)	2640		
トレッド前×後 (mm)	1295×1295		
最低地上高 (mm)	210		
車両重量 (kg)	1340		
乗車定員 (名)	9		
燃料消費率 (km/ℓ)	10.8		
最高速度 (km/h)	95		
登坂能力	sin θ 0.57		
最小回転半径 (m)	6.7		
エンジン型式、種類	JH4型		
配列気筒数、弁型式	G，水冷，4サイクル，4シリンダー		
内径×行程 (mm)	79.4×111.1		
総排気量 (cc)	2199		
圧縮比	7.4:1		
最高出力 (PS/rpm)	76/4000		
最大トルク (kg·m/rpm)	16.4/2400		
燃料・タンク容量 (ℓ)	45.5		
トランスミッション	前進3段後退1段　2〜3速シンクロメッシュ		
ブレーキ	油圧内部拡張		
タイヤ	6.00-16-6PR		
価格 (¥)	—		

1953年(昭和28年)、新三菱重工業が米国ウイリス社と提携し、生産、販売を開始したジープ。その後右ハンドル仕様の開発、エンジンを含めた完全国産化、ディーゼルエンジンの搭載など独自の進化を遂げてきた。三菱自動車工業が営業を開始した1970年(昭和45年)には、ボディタイプ(キャンバストップ、メタルトップ、ワゴン)やエンジン(ガソリン、ディーゼル)、乗車人数などに対応した全10グレードを生産。のちにその人気が社会現象ともなったパジェロの開発に大きく貢献するのである。

写真は、キャンバストップのボディにガソリンエンジンを搭載し、最大で9人が乗車できた1967年式のJ32型。ヒーターやラジオ、ウインドウウォッシャー、マットなどを標準装備していた。

ダットサン・サニークーペ

日産自動車
●発売　1968年2月

車名	ダットサン・サニークーペ
型式・車種記号	KB10型
全長×全幅×全高 (mm)	3770×1445×1310
ホイールベース (mm)	2280
トレッド前×後 (mm)	1190×1180
最低地上高 (mm)	160
車両重量 (kg)	675
乗車定員 (名)	5
燃料消費率 (km/ℓ)	23
最高速度 (km/h)	140
登坂能力	sin θ 0.436
最小回転半径 (m)	4.0
エンジン型式、種類	A10型
配列気筒数、弁型式	G、水冷、4サイクル、4直シリンダー
内径×行程 (mm)	73×59
総排気量 (cc)	988
圧縮比	9.0:1
最高出力 (PS/rpm)	60/6000
最大トルク (kg·m/rpm)	8.2/4000
燃料・タンク容量 (ℓ)	36
トランスミッション	前進4段後退1段、オールシンクロメッシュ、フロアチェンジ
ブレーキ	油圧、内部拡張
タイヤ	5.50-12-4PR
価格 (¥)	500,000

大衆車市場で激戦を繰り広げていたトヨタ・カローラに対抗するため、1968年（昭和43年）2月、サニーはファストバックスタイルにカーブドガラスを採用した2ドアクーペタイプをデビューさせた。

サニークーペは、よりスポーティに生まれ変わったスタイリングに、最高出力を60PSまで高めた998cc 4気筒OHVのA10型エンジンを搭載。最高速度140km/h、0-400m加速18.4sec（2人乗車時）とセダンに比べてそれぞれアップさせ、スポーツモデルであることを強調した。

1969年8月には、木製ステアリングホイールやタコメーターなどを標準装備した最上級グレードのGLをセダン、クーペともに設定。多様化、高級化が進む大衆車市場へ対応したのである。

ニッサン・ローレル 1800 デラックス B

日産自動車
●発売　1968年3月

車名	ニッサン・ローレル 1800 デラックス B
型式・車種記号	C30 型
全長×全幅×全高 (mm)	4350×1605×1405
ホイールベース (mm)	2620
トレッド前×後 (mm)	1305×1300
最低地上高 (mm)	180
車両重量 (kg)	985
乗車定員 (名)	5
燃料消費率 (km/ℓ)	17.5
最高速度 (km/h)	165
登坂能力	$\sin \theta$ 0.441
最小回転半径 (m)	4.9
エンジン型式、種類	G18 型
配列気筒数、弁型式	G, 水冷, 4サイクル, 4直シリンダー
内径×行程 (mm)	85×80
総排気量 (cc)	1815
圧縮比	8.3:1
最高出力 (PS/rpm)	100/5600
最大トルク (kg·m/rpm)	15.0/3600
燃料・タンク容量 (ℓ)	51
トランスミッション	前進3段後退1段、オールシンクロメッシュ、ハンドルチェンジ
ブレーキ	前ディスク後油圧内部拡張、倍力装置付
タイヤ	6.50-13-4PR
価格 (¥)	740,000

1600cc以下の小型車と2000ccクラス、さらにそれ以上の中型車の間を埋めるべく発売された日本初の1800ccクラス車。車名のローレルとは、雄々しさや平和の象徴である「月桂樹」を意味し、ハイオーナーセダンにふさわしいイメージから名付けられていた。

エンジンは、プリンス自動車製G15型をベースに開発された1815cc 4気筒SOHCのG18型で、5ベアリングやV型弁配置、多球型燃焼室、アルミ製シリンダーヘッドなど、当時の最新技術を満載。トランスミッションは、3速コラム、4速フロア、3速フルオートマチックから選択可能であった。

1970年(昭和45年)6月には、2ドアハードトップを追加設定。1990ccエンジンを搭載した2000GXは、最高速度180km/h、0-400m加速17.2secの高性能を発揮した。

トヨタ・カローラスプリンター SL

トヨタ自動車工業
●発売　1968年5月

車名	トヨタ・カローラスプリンター SL
型式・車種記号	KE15-S 型
全長×全幅×全高 (mm)	3845×1485×1345
ホイールベース (mm)	2285
トレッド前×後 (mm)	1235×1220
最低地上高 (mm)	170
車両重量 (kg)	730
乗車定員 (名)	5
燃料消費率 (km/ℓ)	21
最高速度 (km/h)	160
登坂能力	$\sin\theta$ 0.422
最小回転半径 (m)	4.55
エンジン型式、種類	K-B 型
配列気筒数、弁型式	G，水冷，4サイクル，4傾直シリンダー
内径×行程 (mm)	75×61
総排気量 (cc)	1077
圧縮比	10.0：1
最高出力 (PS/rpm)	73/6600
最大トルク (kg·m/rpm)	9.0/4600
燃料・タンク容量 (ℓ)	36
トランスミッション	前進4段後退1段　オールシンクロメッシュ
ブレーキ	油圧，前ディスク後内部拡張
タイヤ	6.00-12-4PR
価格 (¥)	587,000

カローラをベースに開発されたクーペタイプのパーソナルカー。熾烈な販売競争を繰り広げていたダットサン・サニーのクーペに対抗するモデルでもあった。

スイフトバックと呼ばれるフルファストバックスタイルを採用したスプリンターは、スポーティで高性能なイメージを強調。空力性能にも優れており、最高速度はカローラのそれを5km/h上回っていた。また、見た目以上に室内空間が広く、大人5人が無理なく乗車できた。

写真のSLは、圧縮比を高めたハイパワータイプの1077cc K-B型エンジンを搭載し、フロントディスクブレーキ、タコメーター、安全ベルト、砲弾型ミラーを標準装備したスポーティグレードで、最高速度は160km/hをマークした。

マツダ・ファミリア 1200 2ドアデラックス

東洋工業
●発売　1968年5月

車名	マツダ・ファミリア 1200 2ドアデラックス
型式・車種記号	STA型
全長×全幅×全高 (mm)	3795×1480×1390
ホイールベース (mm)	2260
トレッド前×後 (mm)	1200×1190
最低地上高 (mm)	160
車両重量 (kg)	715
乗車定員 (名)	5
燃料消費率 (km/ℓ)	22
最高速度 (km/h)	145
登坂能力	sin θ 0.474
最小回転半径 (m)	4.0
エンジン型式、種類	TB型
配列気筒数、弁型式	G、水冷、4サイクル、4シリンダー
内径×行程 (mm)	70×76
総排気量 (cc)	1169
圧縮比	8.6：1
最高出力 (PS/rpm)	68/6000
最大トルク (kg・m/rpm)	9.6/3000
燃料・タンク容量 (ℓ)	40
トランスミッション	前進4段後退1段　オールシンクロメッシュ、フロアチェンジ
ブレーキ	油圧、内部拡張
タイヤ	6.00-12-4PR
価格 (¥)	505,000

1964年（昭和39年）に発売されて以来、順調なセールスを続けてきたファミリアだったが、1966年の春以降になると大衆車市場への新規参入が相次ぎ、苦戦を強いられるようになっていた。

そのような状況のなか、1967年11月に満を持してのフルモデルチェンジを実施。ニューファミリアとして販売が開始されたのである。写真は、翌年に追加設定された1200シリーズの2ドアセダンで、その名が示すとおり排気量1169ccのアルミ合金製ハイカムシャフトエンジンを搭載していた。続いて発売されたクーペは、フロントディスクブレーキやタコメーター、ロープロファイルタイヤなどが装着されたスポーティモデルで、最高速度は150km/hに高められていた。

三菱コルト1200 2ドアカスタム

三菱重工業
●発売　1968年5月

車名	三菱コルト1200 2ドアカスタム
型式・車種記号	A23型
全長×全幅×全高 (mm)	3975×1495×1410
ホイールベース (mm)	2350
トレッド前×後 (mm)	1250×1220
最低地上高 (mm)	185
車両重量 (kg)	795
乗車定員 (名)	5
燃料消費率 (km/ℓ)	―
最高速度 (km/h)	140
登坂能力	sin θ 0.422
最小回転半径 (m)	4.5
エンジン型式、種類	KE46型
配列気筒数、弁型式	G、水冷、4サイクル、4直シリンダー
内径×行程 (mm)	73×71
総排気量 (cc)	1189
圧縮比	8.5:1
最高出力 (PS/rpm)	62/6000
最大トルク (kg·m/rpm)	9.0/3800
燃料・タンク容量 (ℓ)	32
トランスミッション	前進4段後退1段　オールシンクロメッシュ、ハンドルチェンジ
ブレーキ	油圧、内部拡張、倍力装置付
タイヤ	5.20-13-4PR 又は 5.20-13-6PR
価格 (¥)	550,000

　三菱初の4ドアセダンとして発売されたコルト1000のビッグマイナーチェンジモデル。1966年（昭和41年）に追加設定された上級モデルのコルト1500とボディを共通化したことが特徴である。

　エンジンは、コルト1000のマイナーチェンジモデルとして発売されていたコルト1100のものをストロークアップし、1189ccへ排気量を向上。最高出力は4PSアップの62PSへ、最高速度は140km/hをマークした。翌年に実施されたフェイスリフトでは、さらに4PSの出力向上が図られている。

　また、固定式だったステアリングホイールは、当時としては珍しかったチルト機構付きへ変更された。クラス初でバリアブルギアレシオステアリングを採用したことも話題となった。

ダットサン・フェアレディ 2000 ハードトップ

日産自動車
●発売　1968年7月

車名	ダットサン・フェアレディ 2000 ハードトップ
型式・車種記号	SR311H 型
全長×全幅×全高 (mm)	3910 × 1495 × 1325
ホイールベース (mm)	2280
トレッド前×後 (mm)	1275 × 1200
最低地上高 (mm)	140
車両重量 (kg)	930
乗車定員 (名)	2
燃料消費率 (km/ℓ)	—
最高速度 (km/h)	205
登坂能力	sin θ 0.571
最小回転半径 (m)	4.9
エンジン型式、種類	U20 型
配列気筒数、弁型式	G、水冷、4サイクル、4直シリンダー
内径×行程 (mm)	87.2 × 83
総排気量 (cc)	1982
圧縮比	9.5 : 1
最高出力 (PS/rpm)	145/6000
最大トルク (kg·m/rpm)	18.0/4800
燃料・タンク容量 (ℓ)	43
トランスミッション	前進5段後退1段、オールシンクロメッシュ、オーバードライブ付、フロアチェンジ
ブレーキ	前ディスク後油圧内部拡張
タイヤ	5.60-14-4PR
価格 (¥)	880,000 (R.H なし)

国内初の量産スポーツカーとしてデビューしたフェアレディ1500は、1965年（昭和40年）5月に1595ccエンジンを搭載したフェアレディ1600へと進化。そしてその集大成として登場したのが、1967年3月に発売されたフェアレディ2000ことSR311型である。エンジンはフェアレディ1600のR型をベースに、ストロークを延長して排気量を1982ccにアップさせ、シリンダーヘッドをチェーン駆動のSOHCへ変更したU20型を搭載。ポルシェタイプシンクロを採用した5速MTを介して最高速度205km/h、0-400m加速15.4secという高性能を発揮し、国産車初の200km/hオーバーを達成したのである。写真は1968年7月に追加設定されたハードトップモデル。他の1968年式フェアレディ同様に安全面が強化されていた。

マツダ・ファミリアロータリークーペ

東洋工業
●発売　1968年7月

車名	マツダ・ファミリア ロータリークーペ
型式・車種記号	M10A 型
全長×全幅×全高 (mm)	3830×1480×1345
ホイールベース (mm)	2260
トレッド前×後 (mm)	1210×1190
最低地上高 (mm)	160
車両重量 (kg)	805
乗車定員 (名)	5
燃料消費率 (km/ℓ)	15
最高速度 (km/h)	180
登坂能力	$\sin\theta$ 0.559
最小回転半径 (m)	4.1
エンジン型式、種類 配列気筒数、弁型式	10A 型 G，水冷，RE サイクル， 2直ロータリーエンジン
内径×行程 (mm)	—
総排気量 (cc)	R.E.491×2
圧縮比	9.4：1
最高出力 (PS/rpm)	100/7000
最大トルク (kg·m/rpm)	13.5/3500
燃料・タンク容量 (ℓ)	60
トランスミッション	前進4段後退1段　オールシンクロメッ シュ，フロアチェンジ
ブレーキ	油圧，ディスク・内部拡張，安全装置付
タイヤ	6.15-13-4PR　ロープロファイル
価格 (¥)	700,000

1967年（昭和42年）の東京モーターショー
に参考出品されていたRX85の市販化モデ
ル。マツダが世に送り出したロータリーエン
ジン搭載車の第2弾である。

コスモスポーツがロータリーエンジンの性
能や先進性をアピールしたのに対し、ファミ
リアロータリーシリーズは、その本格的な普
及を目的に開発されていた。エンジンはコス
モスポーツと同様の491cc×2ローターが
搭載されたが、扱いやすさを重視して低速ト
ルクと燃費性能を向上。最高出力は100PS
に抑えられたものの、最高速度180km/h、
0−400m加速16.4secをマークした。

翌年には、4ドアセダンのファミリアロータ
リーSSを追加設定。その後も車種の追加
や値下げを実施し、ロータリーエンジン車の
普及に大きく貢献したのである。

トヨペット・コロナマークⅡハードトップ

トヨタ自動車工業
●発売　1968年9月

車名	トヨペット・コロナマークⅡ ハードトップ
型式・車種記号	RT70–C 型
全長×全幅×全高 (mm)	4295×1605×1395
ホイールベース (mm)	2510
トレッド前×後 (mm)	1325×1320
最低地上高 (mm)	180
車両重量 (kg)	985
乗車定員 (名)	5
燃料消費率 (km/ℓ)	—
最高速度 (km/h)	150
登坂能力	sin θ 0.434
最小回転半径 (m)	4.85
エンジン型式、種類	7R 型
配列気筒数、弁型式	G、水冷、4サイクル、4直シリンダー
内径×行程 (mm)	86×68.5
総排気量 (cc)	1591
圧縮比	8.5：1
最高出力 (PS/rpm)	85/5500
最大トルク (kg·m/rpm)	12.5/3800
燃料・タンク容量 (ℓ)	52
トランスミッション	前進2段後退1段　3要素1段2相型ト ルクコンバータ・自動変速機付
ブレーキ	油圧、ディスク、真空倍力装置付
タイヤ	6.45–13–4PR
価格 (¥)	771,000

コロナとクラウンの間を埋めるために発売されたコロナの姉妹車で、トヨタ初のアッパーミドルモデルである。コロナが日本のファミリーカーのベストセラーであったのに対し、コロナマークⅡは居住性、高速走行性能、安全性などすべての分野を向上させ、世界水準のファミリーカーとして開発されていた。

乗用モデルのボディタイプは4ドアセダン、2ドアハードトップ、ワゴンの3タイプで、1591ccエンジンの標準車と1858ccエンジンのハイグレード車を用意し、商用車も含めると発売当初から12車種52タイプをラインナップ。トヨタのお家芸ともいえるワイドバリエーションを展開し、ダットサン・ブルーバードに逆転を許していた小型車市場で、再びトップの座を取り戻すのである。

ニッサン・スカイライン 2000GT

日産自動車
●発売　1968年10月

車名	ニッサン・スカイライン 2000GT
型式・車種記号	GC10 型
全長×全幅×全高（mm）	4430 × 1595 × 1390
ホイールベース（mm）	2640
トレッド前×後（mm）	1325 × 1320
最低地上高（mm）	170
車両重量（kg）	1090
乗車定員（名）	5
燃料消費率（km/ℓ）	—
最高速度（km/h）	170
登坂能力	sin0.470
最小回転半径（m）	5.3
エンジン型式、種類	L20 型
配列気筒数、弁型式	G、水冷、4サイクル、6直シリンダー
内径×行程（mm）	78 × 69.7
総排気量（cc）	1998
圧縮比	9.0：1
最高出力（PS/rpm）	105/5200
最大トルク（kg・m/rpm）	16.0/3600
燃料・タンク容量（ℓ）	50
トランスミッション	前進4段後退1段、オールシンクロメッシュ、フロアチェンジ
ブレーキ	油圧、前ディスク後内部拡張、真空倍力装置付、安全装置（オプション）付
タイヤ	6.45S－14－4PR　チューブレスロープロフィルSタイヤ
価格（¥）	860,000

3代目スカイラインは1968年（昭和43年）8月に、ニッサン・スカイラインとしてデビューした。ボディは全長で135mm、全幅で100mm拡大され、エアロダイナルックと名付けられたスタイリングは、複雑なプレスラインで構成されていた。エンジンは最高出力88PSのG15型を搭載。のちにハコスカの愛称で呼ばれたのは、この3代目である。

写真は、同年10月に追加設定された上級スポーツモデルの2000GTで、通常のセダンモデルに比べて全長で195mm、ホイールベースで150mm拡大したシャシーに、日産自動車製の6気筒SOHCエンジンを搭載。前述のようにコンピュータ解析によって生み出されたエアロダイナミクスボディや、セミトレーリングアームの独立懸架式リアサスペンションなどが採用されていた。

いすゞ 117 クーペ

いすゞ自動車
●発売　1968年12月

車名	いすゞ 117 クーペ
型式・車種記号	PA90 型
全長×全幅×全高 (mm)	4280×1600×1320
ホイールベース (mm)	2500
トレッド前×後 (mm)	1325×1310
最低地上高 (mm)	180
車両重量 (kg)	1050
乗車定員 (名)	4
燃料消費率 (km/ℓ)	—
最高速度 (km/h)	190 又は 200
登坂能力	sin θ 0.482 又は 0.437
最小回転半径 (m)	5.2
エンジン型式、種類	G161 型
配列気筒数、弁型式	G, 水冷 DOHC 4サイクル、4直シリンダー
内径×行程 (mm)	82×75
総排気量 (cc)	1584
圧縮比	10.3：1
最高出力 (PS/rpm)	120/6400
最大トルク (kg・m/rpm)	14.5/5000
燃料・タンク容量 (ℓ)	58
トランスミッション	前進4段後退1段　オールシンクロメッシュ、フロアチェンジ
ブレーキ	油圧、ディスク・内部拡張、真空倍力装置付、安全装置付
タイヤ	6.45H-14-4PR
価格 (¥)	1,720,000

1966年（昭和41年）のジュネーブショーで参考出品され、大きな話題を呼んだいすゞ117スポーツの市販化モデルである。

117クーペと名を変えてデビューしたこのクルマは、ジウジアーロがデザインした流麗なクーペボディに本木目をあしらったスポーティなインテリアを採用し、いすゞ初のDOHCエンジンを搭載するなど、プレミアムGTカーとして開発されていた。販売価格も172万円と非常に高価であったが、厳密な品質管理のもと月30台ほどが販売されたという。

1970年11月には、ボッシュ製のインジェクションシステムを採用したECや、1817ccのSOHCエンジンを搭載した1800などを追加設定。その後、幾度かのマイナーチェンジを繰り返したが、フルモデルチェンジには至らず、1世代のみで生産を終了している。

ニッサン・スカイライン 2000GT‐R

日産自動車
●発売　1969年2月

車名	ニッサン・スカイライン 2000GT-R
型式・車種記号	PGC10 型
全長×全幅×全高 (mm)	4395×1610×1385
ホイールベース (mm)	2640
トレッド前×後 (mm)	1370×1365
最低地上高 (mm)	160
車両重量 (kg)	1120
乗車定員 (名)	5
燃料消費率 (km/ℓ)	15.5
最高速度 (km/h)	200
登坂能力	sin θ 0.490
最小回転半径 (m)	5.3
エンジン型式、種類	S20 型
配列気筒数、弁型式	G、水冷、4サイクル、6直シリンダー
内径×行程 (mm)	82×62.8
総排気量 (cc)	1989
圧縮比	160/7000
最高出力 (PS/rpm)	18.0/5600
最大トルク (kg·m/rpm)	9.5:1
燃料・タンク容量 (ℓ)	100
トランスミッション	前進5段後退1段、オールシンクロメッシュ、オーバードライブ付、フロアチェンジ
ブレーキ	油圧、前ディスク後内部拡張
タイヤ	6.45-14-4PR　Hタイプ
価格 (¥)	1,500,000

3代目スカイラインに追加設定されたホットモデルで、スカイラインGT‐Rとしては記念すべき初代モデルである。

車両価格の半分の価値があるといわれたエンジンは、ミクニソレックス製3連キャブレターを装着した1989cc直列6気筒DOHCのS20型で、最高速度200km/h、0‐400m加速16.1secとスポーツカー顔負けの数値を記録。しかし、外観はリアフェンダーの形状変更程度にとどめられたため、その姿からは想像もできない走行性能は、「羊の皮を被った狼」と呼ばれた2代目スカイライン2000GTのイメージを凌ぐものであった。

1970年（昭和45年）10月には、4ドアセダンからホイールベースを70mm短縮した2ドアハードトップへバトンタッチ。国内レースでは伝説的な連勝記録を達成した。

スバル FF-1 4ドアセダンデラックス

富士重工業
●発売 1969年3月

車名	スバル FF-1 4ドアセダンデラックス
型式・車種記号	A14 型
全長×全幅×全高 (mm)	3930×1480×1390
ホイールベース (mm)	2420
トレッド前×後 (mm)	1225×1210
最低地上高 (mm)	180
車両重量 (kg)	695 (700)
乗車定員 (名)	5
燃料消費率 (km/ℓ)	—
最高速度 (km/h)	145
登坂能力	$\sin \theta$ 0.399 (0.397)
最小回転半径 (m)	4.8
エンジン型式、種類	EA61 型
配列気筒数、弁方式	G, 水冷, 4サイクル, 4水対シリンダー
内径×行程 (mm)	76×60
総排気量 (cc)	1088
圧縮比	9.0:1
最高出力 (PS/rpm)	62/6000
最大トルク (kg・m/rpm)	8.7/3200
燃料・タンク容量 (ℓ)	36
トランスミッション	前進4段後退1段　オールシンクロメッシュ、ハンドル又はフロアチェンジ
ブレーキ	油圧、内部拡張
タイヤ	6.15-13-4PR〈扁平タイヤ〉
価格 (¥)	ベンチシート 541,000 セパレートシート 545,000

（　）内はフロアチェンジ車。

独自の技術を満載して好評を博したスバル1000の後継モデルで、新たに「FF-1」と名付けられて1969年（昭和44年）3月にデビューした。

エンジンの排気量を1088ccに高めたことが最大の特徴で、出力アップはもちろんのこと、最高速度も145km /hに引き上げられた。しかし、そのほかの技術に変更はなく、内外装の細かなリファイン程度にとどまり、実質的にはスバル1000のマイナーチェンジモデルといえる。

発売当初のグレードは、写真の4ドアセダンデラックスのほか、廉価版の2ドアセダンスタンダード、スポーツセダン、スポーツセダン同様のチューンドエンジンを搭載した4ドアセダンスーパーツーリングなど計8タイプが用意された。

ダイハツ・コンソルテベルリーナスタンダード

ダイハツ工業
●発売　1969年4月

車名	ダイハツ・コンソルテベルリーナ スタンダード
型式・車種記号	EP30 型
全長×全幅×全高 (mm)	3645×1450×1380
ホイールベース (mm)	2160
トレッド前×後 (mm)	1235×1200
最低地上高 (mm)	170
車両重量 (kg)	655
乗車定員 (名)	5
燃料消費率 (km/ℓ)	23
最高速度 (km/h)	140
登坂能力	sin θ 0.434
最小回転半径 (m)	4.4
エンジン型式、種類	FE 型
配列気筒数、弁型式	G、水冷、4サイクル、4直シリンダー
内径×行程 (mm)	68×66
総排気量 (cc)	958
圧縮比	9.0：1
最高出力 (PS/rpm)	58/5500
最大トルク (kg・m/rpm)	8.0/4000
燃料・タンク容量 (ℓ)	40
トランスミッション	前進4段後退1段　オールシンクロメッシュ、フロアチェンジ
ブレーキ	油圧、内部拡張
タイヤ	6.00-12-4PR
価格 (¥)	397,000

トヨタ自動車とダイハツ工業の業務提携によって開発されたコンパーノの後継モデル。ダイハツの池田工場で製造されていたトヨタ・パブリカのボディとシャシーに、ダイハツ製のパワートレインを搭載したのである。スタイリングでは、フロントマスクやリアランプなどを専用デザインとしてパブリカとの差別化を図っていたが、サスペンションなどのシャシーコンポーネントは、まったく同じであった。

写真のスタンダードは、装備を簡素化し40万円を切る価格で販売された廉価版であったが、外観はデラックス仕様とほとんど変わらなかった。その後、パブリカが改良を受けるごとにコンソルテもフェイスリフトされ、トヨタ・スターレットをベース車としたコンソルテクーペなども発売された。

トヨタ・パブリカ 1200SL

トヨタ自動車工業
●発売　1969年4月

車名	トヨタ・パブリカ 1200SL
型式・車種記号	KP31S(B) 型
全長×全幅×全高 (mm)	3670×1450×1380
ホイールベース (mm)	2160
トレッド前×後 (mm)	1235×1200
最低地上高 (mm)	170
車両重量 (kg)	690
乗車定員 (名)	5
燃料消費率 (km/ℓ)	—
最高速度 (km/h)	160
登坂能力	$\sin \theta\ 0.472$
最小回転半径 (m)	4.4
エンジン型式、種類	3K-B 型
配列気筒数、弁型式	G、水冷、4サイクル、4傾直シリンダー
内径×行程 (mm)	75×66
総排気量 (cc)	1166
圧縮比	10.0：1
最高出力 (PS/rpm)	77/6600
最大トルク (kg・m/rpm)	9.6/4600
燃料・タンク容量 (ℓ)	40
トランスミッション	前進4段後退1段　オールシンクロメッシュ、フロアチェンジ
ブレーキ	油圧、前ディスク後内部拡張
タイヤ	6.00-12-4PR
価格 (¥)	495,000

通産省の国民車構想に基づいてトヨタ自動車が開発したパブリカの2代目モデルである。最大の特徴は、初代モデルでは空冷エンジンのみであったのに対し、水冷エンジンを搭載したことであるが、発売当初は空冷エンジンを搭載するUP30型もラインナップされていた。

エクステリアは、ロングノーズ＆ショートデッキのセミファストバックスタイルに生まれ変わり、インテリアも一新。フロントサスペンションは、トーションバー式からマクファーソンストラット式へと変更された。

写真の1200SLは、最高出力77PSの1166cc 4気筒エンジンを搭載し、パワーウエイトレシオ8.96kg／PSを達成。鋭い加速と高速での伸びを実現し、若者を中心に人気を集めたスポーティグレードである。

ホンダ 1300 77 デラックス

本田技研工業
●発売 1969年5月

車名	ホンダ 1300 77 デラックス
型式・車種記号	H1300 型
全長×全幅×全高 (mm)	3885×1465×1345
ホイールベース (mm)	2250
トレッド前×後 (mm)	1245×1220
最低地上高 (mm)	175
車両重量 (kg)	885
乗車定員 (名)	5
燃料消費率 (km/ℓ)	19
最高速度 (km/h)	175
登坂能力	sin θ 0.400
最小回転半径 (m)	4.8
エンジン型式、種類	H1300E 型
配列気筒数、弁型式	G、空冷、OHC 4サイクル、4並列シリンダー
内径×行程 (mm)	74×75.5
総排気量 (cc)	1298
圧縮比	9.0:1
最高出力 (PS/rpm)	100/7200
最大トルク (kg・m/rpm)	10.95/4500
燃料・タンク容量 (ℓ)	45
トランスミッション	前進4段後退1段 オールシンクロメッシュ、フロアチェンジ
ブレーキ	前ディスク後リーディングトレーリング、安全装置付
タイヤ	6.2S-13-4PR 超扁平タイヤ
価格 (¥)	576,000

N360の成功で4輪車づくりに自信を深めたホンダが、急速に拡大していた大衆車市場へ進出すべく開発したモデルである。

シャシーレイアウトは、メカミニマム・マンマキシマムに基づきFF方式を採用。DDAC（Duo Dyna Air Cooling）と名付けられた一体構造二重壁空冷式エンジンは、その排気量からは想像できないほどの出力と水冷エンジンに匹敵する静粛性を実現していた。また、クロスビーム式リアサスペンションを新たに開発するなど足回りも非常に凝っており、さらにサーボ付きフロントディスクブレーキ、超扁平タイヤを奢っていた。

当時の自動車ガイドブックに「2000cc級のパワー・1500cc級の居住性・1000cc級の経済性をもつスーパーセダン」と記載があるが、それに違わぬ意欲作であったといえよう。

ホンダ 1300 99 カスタム

本田技研工業
●発売　1969年5月

車名	ホンダ 1300 99 カスタム
型式・車種記号	H1300 型
全長×全幅×全高 (mm)	3885×1465×1345
ホイールベース (mm)	2250
トレッド前×後 (mm)	1245×1220
最低地上高 (mm)	175
車両重量 (kg)	895
乗車定員 (名)	5
燃料消費率 (km/ℓ)	18
最高速度 (km/h)	185
登坂能力	$\sin \theta$ 0.400
最小回転半径 (m)	4.8
エンジン型式、種類	H1300E 型
配列気筒数、弁型式	G、空冷、OHC 4サイクル、4並列シリンダー
内径×行程 (mm)	74×75.5
総排気量 (cc)	1298
圧縮比	9.0:1
最高出力 (PS/rpm)	115/7500
最大トルク (kg·m/rpm)	12.05/5500
燃料・タンク容量 (ℓ)	45
トランスミッション	前進4段後退1段　オールシンクロメッシュ、フロアチェンジ
ブレーキ	前ディスク後リーディングトレーリング、安全装置付
タイヤ	6.2S-13-4PR
価格 (¥)	718,000

1969年（昭和44年）5月にホンダ初の大衆車としてデビューしたホンダ1300のハイパワーバージョン。デラックス、カスタム、Sの3グレードが用意され、77シリーズ同様に全車で専用開発のホンダエアコン、オートマチックトランスミッションのホンダマチク（のちに発売）が選択できたが、価格はそれぞれATが4.5万円高、エアコンは9.8万円高であった。

もともとハイパワーであった1298cc DDAC空冷エンジンだが、99シリーズでは4連キャブレターを採用。最高出力は15PSアップの115PSとなり、最高速度は185km/hをマーク。これは、トヨペット・コロナマークⅡ1900SLやニッサン・スカイライン2000GTAなど、2リッタークラスのスポーツサルーンを凌ぐ動力性能であった。

三菱ミニカ'70 スーパーデラックス

三菱重工業
●発売　1969年7月

車名	三菱ミニカ'70 スーパーデラックス
型式・車種記号	A101型
全長×全幅×全高 (mm)	2995×1295×1345
ホイールベース (mm)	2000
トレッド前×後 (mm)	1120×1080
最低地上高 (mm)	145
車両重量 (kg)	455
乗車定員 (名)	4
燃料消費率 (km/ℓ)	28
最高速度 (km/h)	110
登坂能力	$\sin \theta$ 0.390
最小回転半径 (m)	3.8
エンジン型式、種類	2G10型
配列気筒数、弁型式	G、水冷、2サイクル、2直シリンダー
内径×行程 (mm)	62×59.6
総排気量 (cc)	359
圧縮比	8.5：1
最高出力 (PS/rpm)	28/6000
最大トルク (kg·m/rpm)	3.6/5000
燃料・タンク容量 (ℓ)	25
トランスミッション	前進4段後退1段、オールシンクロメッシュ、フロアチェンジ
ブレーキ	油圧、内部拡張
タイヤ	4.80-10-4PR
価格 (¥)	388,000

三菱初の軽乗用車として誕生したミニカの2代目モデルで、新たに「'70」というサブネームが与えられてのデビューである。

スタイリングは、ノッチバックからモダンなワゴンタイプへ生まれ変わり、商用車がベースとなっていたセパレートフレームのシャシーは、モノコック構造へ一新された。それにともないサスペンションもフロント・マクファーソンストラット式、リア・4リンクのリジッド式へと変更されたが、駆動方式はコンベンショナルなFR方式を受け継いでいた。

発売当初は、実用性を重視する三菱らしいモデルであったが、軽自動車のパワー戦争が勃発するとミニカ'70も参戦。1969年12月には、リッターあたり100PS以上を叩き出す最高出力38PSのチューンドエンジンを搭載したSSやGSSを追加設定した。

スバル R-2 スタンダード

富士重工業
●発売　1969年8月

車名	スバル R-2 スタンダード
型式・車種記号	K12 型
全長×全幅×全高 (mm)	2995×1295×1345
ホイールベース (mm)	1920
トレッド前×後 (mm)	1120×1105
最低地上高 (mm)	170
車両重量 (kg)	430
乗車定員 (名)	4
燃料消費率 (km/ℓ)	28
最高速度 (km/h)	115
登坂能力	$\sin \theta \ 0.367$
最小回転半径 (m)	4
エンジン型式、種類	EK33 型
配列気筒数、弁型式	G、空冷、2サイクル、2直シリンダー
内径×行程 (mm)	61.5×60
総排気量 (cc)	356
圧縮比	6.5：1
最高出力 (PS/rpm)	30/6500
最大トルク (kg・m/rpm)	3.7/5500
燃料・タンク容量 (ℓ)	25
トランスミッション	前進4段後退1段　オールシンクロメッシュ、フロアチェンジ
ブレーキ	油圧、内部拡張
タイヤ	4.80-10-2PR
価格 (¥)	315,000

国民車として長年にわたり愛されたスバル360の後継モデル。名前の由来は、ローマ字のなかからイメージが豊かで語感のよい「R」を選択、「2」はスバルの軽自動車の2代目モデルであることを示していた。

新しく生まれ変わったモノコックボディは、スバル360に比べてホイールベースを120mm延長し、リッターカークラスなみの室内空間を実現するとともに、フロントにトランクスペースを確保。エンジンやサスペンションにも改良が加えられた。

1970年（昭和45年）4月には、スポーティグレードのSSなどを追加設定したが、地味な印象は払しょくできず、後継モデルのレックスにバトンタッチするかたちで生産を中止。国内生産台数は28万9555台であった。

マツダ・ルーチェロータリークーペデラックス

東洋工業
●発売　1969年10月

車名	マツダ・ルーチェロータリークーペ デラックス
型式・車種記号	M13P 型
全長×全幅×全高 (mm)	4585 × 1635 × 1385
ホイールベース (mm)	2580
トレッド前×後 (mm)	1330 × 1325
最低地上高 (mm)	185
車両重量 (kg)	1185
乗車定員 (名)	5
燃料消費率 (km/ℓ)	—
最高速度 (km/h)	190
登坂能力	$\sin \theta$ 0.488
最小回転半径 (m)	5.3
エンジン型式、種類	13A 型
配列気筒数、弁型式	G、水冷、バンケルサイクル、2直ローター
内径×行程 (mm)	—
総排気量 (cc)	ロータリーエンジン (0.655×2) cc
圧縮比	9.1:1
最高出力 (PS/rpm)	126/6000
最大トルク (kg·m/rpm)	17.5/3500
燃料・タンク容量 (ℓ)	65
トランスミッション	前進4段後退1段　オールシンクロメッシュ、フロアチェンジ
ブレーキ	油圧、前ディスク後内部拡張　真空倍力装置付、安全装置付
タイヤ	165HR15　ラジアル
価格 (¥)	1,450,000

マツダが発売したロータリーエンジン搭載車の第3弾。ロータリーエンジンの特徴である滑らかな加速と静粛性を活かしたラグジュアリーカーで、1967年(昭和42年)の東京モーターショーでは、RX87として出展されていた。

ルーチェロータリークーペは、伸びやかなボディスタイルに、新開発された655cc×2ローターのロータリーエンジンや日本ではクラス初となるFF駆動方式、独自の4輪独立懸架式サスペンションなど当時の最新技術を満載。マツダの技術水準の高さを世にアピールしたモデルであった。

また、豪華装備も特徴で、スーパーデラックス仕様には、エアコンやパワーウインドウ、ラジオ付きカーステレオなどがすべて標準装備されていた。

ニッサン・フェアレディZ 432

日産自動車
●発売　1969年11月

車名	ニッサン・フェアレディZ 432
型式・車種記号	PS30 型
全長×全幅×全高 (mm)	4115 × 1630 × 1290
ホイールベース (mm)	2305
トレッド前×後 (mm)	1355 × 1345
最低地上高 (mm)	165
車両重量 (kg)	1040
乗車定員 (名)	2
燃料消費率 (km/ℓ)	14.5
最高速度 (km/h)	210
登坂能力	$\sin\theta$ 0.420
最小回転半径 (m)	4.8
エンジン型式、種類	S20 型
配列気筒数、弁型式	G,水冷4サイクル, 6直シリンダー, DOHC
内径×行程 (mm)	82 × 62.8
総排気量 (cc)	1989
圧縮比	9.5：1
最高出力 (PS/rpm)	160/7000
最大トルク (kg·m/rpm)	18.0/5600
燃料・タンク容量 (ℓ)	60
トランスミッション	前進5段、オーバートップ、オールシンクロメッシュ、フロアチェンジ
ブレーキ	油圧、前ディスク後ドラム、真空倍力装置付
タイヤ	6.95H-14-4PR　チューブレス
価格 (¥)	1,850,000

日産自動車がフェアレディの後継モデルとして開発したスポーツカー。GTカーのコンセプトを取り入れ、まったく新しいスポーツカーとしてデビューしたフェアレディZは、ベーシックグレードで93万円との低価格とあいまって、発売と同時に大ヒットモデルへ成長した。その人気は日本だけにとどまらず、2393ccの6気筒SOHCエンジンを搭載したダットサン240Zは、北米市場をまたたく間に席巻。国内外のレースにも積極的に参戦し、その活躍ぶりは日本車全体のブランド力を押し上げるほどであった。

写真の432は、スカイライン2000GT-RのS20型エンジンを搭載した最強モデル。最高速度210km/h、0-400m加速15.8secと掛け値なしの高性能を誇ったが、価格も185万円とこれまた破格であった。

三菱コルトギャランAⅡカスタムL

三菱重工業
●発売　1969年12月

車名	三菱コルトギャランAⅡ カスタムL
型式・車種記号	A52FJ型
全長×全幅×全高 (mm)	4080×1560×1385
ホイールベース (mm)	2420
トレッド前×後 (mm)	1285×1285
最低地上高 (mm)	175
車両重量 (kg)	845
乗車定員 (名)	5
燃料消費率 (km/ℓ)	19.0
最高速度 (km/h)	160
登坂能力	sin θ 0.528
最小回転半径 (m)	4.6
エンジン型式、種類	4G31型
配列気筒数、弁型式	G、水冷、4サイクル、4直シリンダー
内径×行程 (mm)	74.5×86
総排気量 (cc)	1499
圧縮比	9.0:1
最高出力 (PS/rpm)	95/6300
最大トルク (kg·m/rpm)	13.2/4000
燃料・タンク容量 (ℓ)	45
トランスミッション	前進4段後退1段　オールシンクロメッシュ、フロアチェンジ
ブレーキ	油圧、前ディスク後内部拡張、安全装置付
タイヤ	6.15-13-4PR　扁平タイヤ
価格 (¥)	671,000

三菱重工業がコルトシリーズの後継モデルとして開発した新型車。車名の由来は、「勇敢な」という意味を持つ英語のギャラントからだが、コルトと結音が重なるため、トを発音しないフランス語読みとしたのである。

コルトシリーズの失敗を地味なスタイリングにあると考えた開発陣は、「まず売れる車」を目指してジウジアーロにデザインの一案を依頼。そのすっきりとした面処理を活かしつつ、当時の流行だったウエッジシェイプボディに仕上げたのは、名古屋自動車製作所意匠室であった。

また、サターンと名付けられたロングストロークタイプのSOHCエンジン、ウイッシュボーン型ロアアームを備えたストラット式のフロントサスペンションといった三菱初の機構も好評で、販売的にも大成功を収めた。

ダットサン・サニー 1200 4ドア GL

日産自動車
●発売　1970年1月

車名	ダットサン・サニー 1200 4ドア GL
型式・車種記号	B110GT 型
全長×全幅×全高 (mm)	3830×1495×1390
ホイールベース (mm)	2300
トレッド前×後 (mm)	1240×1245
最低地上高 (mm)	170
車両重量 (kg)	705
乗車定員 (名)	5
燃料消費率 (km/ℓ)	22
最高速度 (km/h)	150
登坂能力	$\sin \theta$ 0.458
最小回転半径 (m)	4.1
エンジン型式、種類	A12 型
配列気筒数、弁型式	G,水冷,4サイクル,4直シリンダー,OHV
内径×行程 (mm)	73×70
総排気量 (cc)	1171
圧縮比	9.0:1
最高出力 (PS/rpm)	68/6000
最大トルク (kg·m/rpm)	9.7/3600
燃料・タンク容量 (ℓ)	40
トランスミッション	前進4段、オールシンクロメッシュ、フロアチェンジ
ブレーキ	油圧、前ディスク後ドラム、2系統式
タイヤ	6.00-12-4PR　チューブレス
価格 (¥)	565,000

1970年（昭和45年）1月、日産の主力モデルへ成長していたサニーがフルモデルチェンジを受けて2代目となった。

スタイリングは、初代のスピード感あふれるデザインを受け継ぎながらもボディを拡大。クラス最大の広さを確保した室内空間には、70年代を象徴するキーワードとされた豊かさが感じられるように進化していた。

エンジンは1171cc 4気筒OHVのA12型へリニューアルされ、フロントサスペンションもマクファーソンストラット式へ変更。ライバルのトヨタ・カローラを追撃する体制が、メカニズム面からも整えられたのである。

写真のGLは、フロントディスクブレーキやトリコットクロス地のシートを採用した上級グレード。同年4月には、SUツインキャブレターなどで武装したGXが追加されている。

ホンダ 1300 クーペ 7 デラックス

本田技研工業
●発売　1970年2月

車名	ホンダ 1300 クーペ 7 デラックス
型式・車種記号	—
全長×全幅×全高 (mm)	4140×1495×1320
ホイールベース (mm)	2250
トレッド前×後 (mm)	1245×1195
最低地上高 (mm)	175
車両重量 (kg)	895
乗車定員 (名)	5
燃料消費率 (km/ℓ)	20
最高速度 (km/h)	175
登坂能力	$\sin\theta\ 0.44$
最小回転半径 (m)	4.8
エンジン型式、種類	H1300E 型
配列気筒数、弁形式	G、空冷、4サイクル、4並列シリンダー、OHC、前輪駆動
内径×行程 (mm)	74×75.5
総排気量 (cc)	1298
圧縮比	9.0：1
最高出力 (PS/rpm)	95/7000
最大トルク (kg·m/rpm)	10.5/4000
燃料・タンク容量 (ℓ)	45
トランスミッション	前進4段後退1段　オールシンクロメッシュ、フロアチェンジ
ブレーキ	油圧、前ディスク後ドラム、2系統式、真空倍力装置付
タイヤ	6.2S-13-4PR
価格 (￥)	606,000

クラスを超越する圧倒的な動力性能を誇ったホンダ1300シリーズに追加設定されたクーペタイプ。セダンの77シリーズと99シリーズ同様、7シリーズと9シリーズをラインナップしていた。

空力性能にもこだわったという流麗なクーペボディは、新設計のモノコック構造を採用。複合3次曲面カウルや4灯式ヘッドライトを採用した精悍なフロントマスクもクーペの特徴であった。ブラックを基調としたインテリアには、メーターやスイッチなどがドライバーに向けて立体的レイアウトされ、フライングコックピットと呼ばれた。

サスペンションセッティングの見直しやリアトレッドの変更など足回りも改良されており、強力なパワートレインに見合ったシャシーを手に入れたモデルであった。

マツダ・ファミリアプレスト 1300
クーペスーパーデラックス

東洋工業
●発売　1970年3月

車名	マツダ・ファミリアプレスト 1300 クーペスーパーデラックス
型式・車種記号	STB 型
全長×全幅×全高(mm)	3795 × 1480 × 1345
ホイールベース (mm)	2260
トレッド前×後 (mm)	1210 × 1190
最低地上高 (mm)	160
車両重量 (kg)	780
乗車定員 (名)	5
燃料消費率 (km/ℓ)	21
最高速度 (km/h)	155
登坂能力	$\tan \theta$ 0.55
最小回転半径 (m)	4.1
エンジン型式、種類	TC 型
配列気筒数、弁型式	G, 水冷, 4サイクル, 4シリンダー, OHC
内径×行程 (mm)	73 × 76
総排気量 (cc)	1272
圧縮比	8.8:1
最高出力 (PS/rpm)	75/6000
最大トルク (kg·m/rpm)	10.5/3000
燃料・タンク容量 (ℓ)	40
トランスミッション	前進4段、オールシンクロメッシュ、フロアチェンジ
ブレーキ	油圧, 前ディスク, 後ドラム
タイヤ	6.15-13-4PR　ロープロファイル
価格 (¥)	578,000

大衆車市場の販売競争が激化するなか、2代目ファミリアは一定のシェアを確保していたが、さらなる高級化を求めるユーザーニーズに応えるべく、1970 年 (昭和 45 年) 3月にビッグマイナーチェンジを実施。サブネームには、イタリア語で「早いリズム」を意味するプレストが与えられた。

ファミリアプレストは、オーバルシェイプのボディラインを受け継ぎながらも、フロントとリアエンドの意匠を変更。エンジンは、新設計の鋳鉄製 SOHC となり、985cc と 1272cc の2ユニットが用意されていた。

写真のクーペスーパーデラックスは、3連メーターを埋め込んだダッシュボード、フロントディスクブレーキ、ロープロファイルタイヤなどを標準装備したスポーティグレードである。

スズキ・ジムニー

鈴木自動車工業
●発売　1970年4月

車名	スズキ・ジムニー
型式・車種記号	LJ10 型
全長×全幅×全高 (mm)	2995 × 1295 × 1670
ホイールベース (mm)	1930
トレッド前×後 (mm)	1100 × 1100
最低地上高 (mm)	235
車両重量 (kg)	600
乗車定員 (名)	3
燃料消費率 (km/ℓ)	—
最高速度 (km/h)	75
登坂能力	$\sin \theta$ 0.460
最小回転半径 (m)	4.4
エンジン型式、種類	FB 型
配列気筒数、弁型式	G，空冷，2サイクル，2直シリンダー
内径×行程 (mm)	61 × 61.5
総排気量 (cc)	359
圧縮比	7.3 : 1
最高出力 (PS/rpm)	25/6000
最大トルク (kg·m/rpm)	3.4/5000
燃料・タンク容量 (ℓ)	26
トランスミッション	前進4段，2段副変速機付，フロアチェンジ
ブレーキ	油圧，ドラム
タイヤ	6.00-16-6PR
価格 (¥)	482,000

スズキが1970年（昭和45年）4月に発売した軽自動車初の本格的4輪駆動車(4WD)。ホープ自動車が不整地用万能自動車として開発したホープスターON型の製造権を譲り受け、スズキ製のFB型エンジンと副変速機付き4速MTを搭載したのである。

4WDシステムは、車体中央に搭載したトランスミッションにプロペラシャフトを取り付けて前後輪を駆動するという方式で、サスペンションは前後ともリーフスプリングのリジッドアクスル式を採用。軽自動車ながらジープと同じサイズのラグタイヤを装着していた。その高い走破性が評価されたジムニーは、スズキのブランド力を高めただけではなく、軽自動車のさらなる可能性を示したモデルであり、現在でも多くのユーザーから支持を受けている。

ダイハツ・フェロー MAX カスタム

ダイハツ工業
●発売　1970年4月

車名	ダイハツ・フェロー MAX カスタム
型式・車種記号	L38CU 型
全長×全幅×全高 (mm)	2995 × 1295 × 1305
ホイールベース (mm)	2090
トレッド前×後 (mm)	1120 × 1110
最低地上高 (mm)	170
車両重量 (kg)	465
乗車定員 (名)	4
燃料消費率 (km/ℓ)	25
最高速度 (km/h)	115
登坂能力	tan θ 0.35
最小回転半径 (m)	4.2
エンジン型式・種類	ZM-4 型
配列気筒数、弁型式	G、水冷、2サイクル、2直シリンダー
内径×行程 (mm)	62 × 59
総排気量 (cc)	356
圧縮比	10.0：1
最高出力 (PS/rpm)	33/6500
最大トルク (kg・m/rpm)	3.7/5500
燃料・タンク容量 (ℓ)	26
トランスミッション	前進4段後進1段　オールシンクロメッシュ、フロアチェンジ
ブレーキ	油圧、ドラム
タイヤ	5.20-10-4PR 又は 5.20-10-2PR
価格 (¥)	380,000

ダイハツが軽4輪市場で大躍進を遂げるきっかけを作ったフェローの2代目モデル。新たにMAXのサブネームが与えられ、1970年（昭和45年）に登場した。

ボディやシャシーを完全な新設計としたフェローMAXは、駆動方式をコンベンショナルなFR方式から、当時もてはやされていたFF方式へ変更。それにともないサスペンションもフロントにマクファーソンストラット式、リアにセミトレーリングアーム式と一新。エンジンは先代のZM型をリファインしたZM-4型を搭載。圧縮比を高めることで、最高出力は7PSアップの33PSを発揮した。

発売から3ヵ月後には、早くもスポーツモデルのSSを市場投入。最高出力40PSという軽自動車史上、最強のエンジンを搭載して話題となった。

トヨタ・カローラ2ドアスタンダード

トヨタ自動車工業
●発売　1970年5月

車名	トヨタ・カローラ 2ドアスタンダード	
型式・車種記号	KE20 型	
全長×全幅×全高 (mm)	3945×1505×1375	
ホイールベース (mm)	2335	
トレッド前×後 (mm)	1255×1245	
最低地上高 (mm)	170	
車両重量 (kg)	730	
乗車定員 (名)	5	
燃料消費率 (km/ℓ)	21	
最高速度 (km/h)	145	
登坂能力	tan θ 0.50	
最小回転半径 (m)	4.5	
エンジン型式、種類	3K 型	
配列気筒数、弁型式	G、水冷、4サイクル、4直シリンダー、OHV	
内径×行程 (mm)	75×66	
総排気量 (cc)	1166	
圧縮比	9.0：1	
最高出力 (PS/rpm)	68/6000	
最大トルク (kg・m/rpm)	9.5/3800	
燃料・タンク容量 (ℓ)	45	
トランスミッション	前進4段、オールシンクロメッシュ、 フロアチェンジ	
ブレーキ	油圧、前ディスク後ドラム	
タイヤ	6.00-12-4PR	
価格 (¥)	438,500	

1970年（昭和45年）5月、生産開始からわずか3年5カ月で100万台をラインオフするなど、ベストセラーカーとして大衆車市場をリードしてきたカローラが、フルモデルチェンジを受けた。

ジャンプするイルカをモチーフにしたというエクステリアは、ロングノーズ＆ショートデッキスタイルへリニューアルされ、スポーティさをより強調。従来の4ドア、2ドアセダンに加え、クーペタイプが新設された。エンジンは1166ccの3K型を3タイプ用意していたが、すぐにパッションエンジンと名付けられた1407ccのT型が追加設定された。

その他、PCVバルブ付きのブローバイガス還元装置、フロント3点式シートベルトやニープロテクターなどを採用し、安全公害対策を強化したのも2代目の特徴である。

トヨタ・スプリンター SL

トヨタ自動車工業
●発売　1970年5月

車名	トヨタ・スプリンター SL
型式・車種記号	KE25-BS 型
全長×全幅×全高（mm）	3945×1505×1345
ホイールベース（mm）	2335
トレッド前×後（mm）	1255×1245
最低地上高（mm）	170
車両重量（kg）	760
乗車定員（名）	5
燃料消費率（km/ℓ）	20
最高速度（km/h）	160
登坂能力	tan θ 0.49
最小回転半径（m）	4.5
エンジン型式、種類	3K-B 型
配列気筒数、弁型式	G,水冷, 4サイクル, 4直シリンダー, OHV
内径×行程（mm）	75×66
総排気量（cc）	1166
圧縮比	10.0：1
最高出力（PS/rpm）	73/6600
最大トルク（kg·m/rpm）	9.6/4200
燃料・タンク容量（ℓ）	45
トランスミッション	前進4段、オールシンクロメッシュ、フロアチェンジ
ブレーキ	油圧、前ディスク後ドラム
タイヤ	6.00-12-4PR 又は 155-SR-12
価格（¥）	545,000

1968年（昭和43年）にカローラの派生モデルとしてデビューしたカローラスプリンターの2代目である。カローラの名が取れてスプリンターとなったが、初代が独自のフルファストバックスタイルだったのに対し、2代目はカローラクーペと同じボディを採用したため、個性はやや希薄になってしまった。

しかし、フロントマスクのデザインは明確に差別化され、インテリアのコンソールボックスやフロントディスクブレーキは、全車に標準装備されていた。

写真は、最高出力77PSの3K-B型エンジンを搭載する上級グレードのSL。1971年には、ツインキャブレターや5速クロスミッション、強化サスペンション、ラジアルタイヤなどで武装したSR（スポーツ・ラリー）を追加設定している。

マツダ・カペラ 1600

東洋工業
●発売　1970年5月

車名	マツダ・カペラ 1600
型式・車種記号	SNA 型
全長×全幅×全高 (mm)	4150×1580×1420
ホイールベース (mm)	2470
トレッド前×後 (mm)	1285×1280
最低地上高 (mm)	160
車両重量 (kg)	895
乗車定員 (名)	5
燃料消費率 (km/ℓ)	19
最高速度 (km/h)	165
登坂能力	$\tan\theta$ 0.53
最小回転半径 (m)	4.7
エンジン型式・種類	NA 型
配列気筒数、弁型式	G, 水冷, 4サイクル, 4直シリンダー, OHC
内径×行程 (mm)	78×83
総排気量 (cc)	1586
圧縮比	8.6:1
最高出力 (PS/rpm)	100/6000
最大トルク (kg·m/rpm)	14.0/3500
燃料・タンク容量 (ℓ)	50
トランスミッション	前進4段, オールシンクロメッシュ, フロアチェンジ
ブレーキ	油圧, ドラム
タイヤ	6.15-13-4PR　ローブロファイル
価格 (¥)	560,000

マツダがファミリアシリーズに次ぐ主力商品へ成長させることを目標に開発したミドルクラスモデル。開発当初からロータリーエンジンの搭載を考慮に入れていたことも特徴である。車名の由来は、「ぎょしゃ座α星（首星）」から。

ジェット戦闘機をイメージしたというスタイリングは、セミファストバックを基調にダイナミックなウェービーラインを取り入れて美しいシルエットを形成。空力性能にも優れており、「風のカペラ」との異名をとった。

発売当初のエンジンは、新開発の573cc×2ローターと1586cc SOHCのレシプロが用意され、その後、1490ccや1769cc（ともにSOHC）を追加設定。ロータリーエンジン搭載車は、最高速度190km/h、0-400m加速15.7secと破格の性能を発揮した。

スバル FF-1 1300G 2 ドアセダンスタンダード

富士重工業
●発売　1970年7月

車名	スバル FF-1 1300G 2 ドアセダンデラックス
型式・車種記号	A15 型
全長×全幅×全高 (mm)	3900×1480×1390
ホイールベース (mm)	2420
トレッド前×後 (mm)	1225×1205
最低地上高 (mm)	175
車両重量 (kg)	705
乗車定員 (名)	5
燃料消費率 (km/ℓ)	23
最高速度 (km/h)	160
登坂能力	$\tan\theta$ 0.44
最小回転半径 (m)	4.8
エンジン型式、種類	EA62 型
配列気筒数、弁型式	G，水冷，4サイクル，4水対シリンダー
内径×行程 (mm)	82×60
総排気量 (cc)	1267
圧縮比	9.0:1
最高出力 (PS/rpm)	80/6400
最大トルク (kg·m/rpm)	10.1/4000
燃料・タンク容量 (ℓ)	45
トランスミッション	前進4段，オールシンクロメッシュ， フロアチェンジ
ブレーキ	油圧，前ディスク，後ドラム　2系統
タイヤ	6.15-13-4PR
価格 (¥)	534,000

水平対向エンジンやFF駆動方式がもたらす操縦安定性などで好評を得ていたFF-1に追加設定された上級モデル（スペック表はデラックス）。本格的なハイウェイ時代への対応とライバルのホンダ1300に対抗するため、ボアアップしてエンジンの排気量を1267ccに高めたことが最大の特徴であった。なかでもスポーツ系に搭載されたEA62S型は、OHVながらレッドゾーンは7000rpmからに設定されていた。

また、ブローバイガス還元装置やアイドルリミッター装置などを全車に標準装備。これは当時、大きな問題に発展しつつあった公害に対する配慮であった。

その他の変更点は、内外装のリファイン、リアサスペンションにセミトレーリングアーム式を採用したことが挙げられる。

トヨペット・コロナハードトップ 1500

トヨタ自動車工業
●発売　1970年8月

車名	トヨペット・コロナハードトップ 1500
型式・車種記号	RT90K 型
全長×全幅×全高 (mm)	4170 × 1570 × 1385
ホイールベース (mm)	2430
トレッド前×後 (mm)	1290 × 1280
最低地上高 (mm)	180
車両重量 (kg)	935
乗車定員 (名)	5
燃料消費率 (km/ℓ)	18.5
最高速度 (km/h)	145
登坂能力	tan θ 0.45
最小回転半径 (m)	4.8
エンジン型式、種類	2R 型
配列気筒数、弁型式	G, 水冷, 4サイクル, 4直シリンダー, OHV
内径×行程 (mm)	78 × 78
総排気量 (cc)	1490
圧縮比	8.3 : 1
最高出力 (PS/rpm)	77/5200
最大トルク (kg·m/rpm)	11.7/2800
燃料・タンク容量 (ℓ)	50
トランスミッション	前進4段, オールシンクロメッシュ, フロアチェンジ
ブレーキ	油圧, ドラム
タイヤ	5.60-13-4PR
価格 (¥)	652,000

33ヵ月連続でベストセラーを維持するなど、トヨタを代表するモデルへ成長したコロナの3代目は1970年（昭和45年）2月にデビューした。

角張ったデザインが特徴だったエクステリアは、やや丸みを帯びたロー＆ワイドフォルムへ一新。インテリアや安全性については、上級モデルのコロナマークⅡに準ずることとなった。技術的なハイライトは、電子制御でトルクコンバータを作動させる新型オートマチックの、EATを設定したことが挙げられる。

写真は同年の8月に追加設定されたハードトップモデルで、よりダイナミックに生まれ変わったスタイリングに居住性を大幅に高めたリアシートなどを採用。ファミリーカーとしても十分に使える2ドアモデルであった。

ニッサン・チェリーキャブコーチ

日産自動車
●発売　1970年9月

車名	ニッサン・チェリーキャブコーチ (1973年型)
型式・車種記号	KC20型
全長×全幅×全高 (mm)	3770×1500×1725
ホイールベース (mm)	2370
トレッド前×後 (mm)	1255×1245
最低地上高 (mm)	155
車両重量 (kg)	900
乗車定員 (名)	8
燃料消費率 (km/ℓ)	—
最高速度 (km/h)	110
登坂能力	tan θ 0.33
最小回転半径 (m)	4.3
エンジン型式、種類	A10型
配列気筒数、弁型式	G、水冷、4サイクル、直列4気筒
内径×行程 (mm)	73×59
総排気量 (cc)	988
圧縮比	8.5：1
最高出力 (PS/rpm)	56/6000
最大トルク (kg・m/rpm)	7.7/3600
燃料・タンク容量 (ℓ)	40
トランスミッション	4段、全シンクロメッシュ、コラム
ブレーキ	油圧、ドラム、2系統式
タイヤ	前5.00-12-4PR、後5.00-12-6PR
価格 (¥)	605,000

小回りのきく小型キャブオーバーとして人気を博していたサニーキャブの姉妹車。発足間もないチェリー店系列のラインナップを増やすため、またチェリーのブランドイメージを高めるために市場投入されたワンボックスモデルである。

チェリーと名乗ってはいるが基本コンポーネンツはサニーのB10型であり、専用のフレーム式シャシーにコンベンショナルなFR方式を採用した。

写真はフェイスリフト後の1973年式コーチで、当時の自動車ガイドブックでは「8つの笑顔をつつんで快走！　シートは豪華な全面レザー張り。大きく開くリアゲートからまとめてドッサリ積み込める大型トランクルームも便利です。」との記載があり、ワゴンとしての使い勝手や楽しさをアピールしていた。

ニッサン・チェリー 4 ドア GL

日産自動車

●発売　1970年10月（1970年9月発表）

車名	ニッサン・チェリー 4ドア GL
型式・車種記号	E10HT 型
全長×全幅×全高 (mm)	3610×1470×1380
ホイールベース (mm)	2335
トレッド前×後 (mm)	1270×1235
最低地上高 (mm)	200
車両重量 (kg)	655
乗車定員 (名)	5
燃料消費率 (km/ℓ)	24
最高速度 (km/h)	140
登坂能力	$\tan\theta$ 0.47
最小回転半径 (m)	4.6
エンジン型式、種類	A10 型
配列気筒数、弁型式	G, 水冷, 4サイクル, 4直シリンダー, OHV
内径×行程 (mm)	73×59
総排気量 (cc)	988
圧縮比	9.0:1
最高出力 (PS/rpm)	58/6000
最大トルク (kg·m/rpm)	8.0/4000
燃料・タンク容量 (ℓ)	36
トランスミッション	前進4段, オールシンクロメッシュ, フロアチェンジ
ブレーキ	油圧, 前ディスク後ドラム
タイヤ	6.00-12-4PR
価格 (¥)	525,000

日産自動車が急激に拡大していた大衆車市場のラインナップを強化するために開発した小型車。コンパクトなボディにエンジンをフロントに横置きして前輪を駆動するFF方式を採用したことが最大の特徴である。カプセルシェイプと呼ばれたセミファストバックのスタイリングには、ユニークなアイラインウインドウを採用。室内空間の広さは1500ccクラスと同等であった。サスペンションは、フロントにマクファーソンストラット式、リアにセミトレーリングアーム式を採用した4輪独立懸架式で、H.H.S方式と名付けられた。

写真のGLは988ccのA10型エンジン仕様だが、同時に発売されたX-1には、ツインキャブレターで武装した1171ccのA12型エンジンが搭載されていた。

ホンダ Z GT

本田技研工業
●発売　1970年10月

車名	ホンダ Z GT
型式・車種記号	—
全長×全幅×全高 (mm)	2995 × 1295 × 1275
ホイールベース (mm)	2000
トレッド前×後 (mm)	1140 × 1115
最低地上高 (mm)	170
車両重量 (kg)	525
乗車定員 (名)	4
燃料消費率 (km/ℓ)	28
最高速度 (km/h)	120
登坂能力	tan θ 0.33
最小回転半径 (m)	4.4
エンジン型式、種類	N360E 型
配列気筒数、弁型式	G, 空冷, 4サイクル, 2並列シリンダー, OHC
内径×行程 (mm)	62.5 × 57.8
総排気量 (cc)	354
圧縮比	9.0:1　ツインキャブ
最高出力 (PS/rpm)	36/9000
最大トルク (kg·m/rpm)	3.2/7000
燃料・タンク容量 (ℓ)	26
トランスミッション	前進4段, オールシンクロメッシュ, コンソールチェンジ
ブレーキ	油圧, ドラム
タイヤ	5.20-10-4PR
価格 (¥)	428,000

1970年（昭和45年）10月にデビューしたホンダ Z は、N360 の最終モデルである N Ⅲ をベースに開発された軽乗用車初のスペシャリティカーである。

流体力学を駆使したというプロトタイプルックのエクステリアは、低く構えたノーズや大きく傾斜したフロントガラスなどが採用され、FF 方式の軽自動車とは思えないほどの伸びやかなラインを実現。エアロビジョン（水中メガネ）と名付けられたユニークなリアガラスハッチは、スペシャリティな雰囲気を演出した。インテリアは、ホンダ1300 シリーズと同様にフライトコックピットの思想が取り入れられ、セスナ風のオーバーヘッドコンソールを国内初で採用していた。

写真の GT はツインキャブレターを装着したスポーティグレードである。

トヨタ・カリーナ 1600ST

トヨタ自動車工業
●発売　1970年12月（発表は1970年10月）

車名	トヨタ・カリーナ 1600ST
型式・車種記号	TA12-MS 型
全長×全幅×全高 (mm)	4135×1570×1385
ホイールベース (mm)	2425
トレッド前×後 (mm)	1280×1285
最低地上高 (mm)	175
車両重量 (kg)	910
乗車定員 (名)	5
燃料消費率 (km/ℓ)	20
最高速度 (km/h)	175
登坂能力	tan θ 0.62
最小回転半径 (m)	4.8
エンジン型式、種類	2T-B 型
配列気筒数、弁型式	G, 水冷, 4サイクル, 4直シリンダー, OHV
内径×行程 (mm)	85×70
総排気量 (cc)	1588
圧縮比	9.4:1
最高出力 (PS/rpm)	105/6000
最大トルク (kg·m/rpm)	14.0/4200
燃料・タンク容量 (ℓ)	50
トランスミッション	前進5段、オールシンクロメッシュ、フロアチェンジ
ブレーキ	油圧、前ディスク後ドラム
タイヤ	6.45-13-4PR
価格 (¥)	700,000

1970年（昭和45年）12月にトヨタから新型車として発売されたカリーナは、急成長を遂げていた大衆車市場のユーザーを、乗り換え需要の見込める上級車市場へ移行させるために開発されたモデルで、カローラとコロナの間を埋める存在であった。

高級感を高めたセミファストバックスタイルには、カローラと同様の1407cc T型エンジンに加え、1588cc 2T型エンジンを搭載。サスペンションは、フロントにマクファーソンストラット式、リアにクラウンなどと同じ構造を持つ4リンク式を採用していた。

写真の1600ST（スポーツ・ツーリング）は、最高出力105PSの2T-B型エンジンを搭載したスポーティグレード。ポルシェタイプシンクロの5速MTを介して、最高速度は175km/h、0-400m加速17.1secをマークした。

トヨタ・セリカ 1600GT

トヨタ自動車工業
●発売　1970年12月

車名	トヨタ・セリカ 1600GT
型式・車種記号	TA22-MQ 型
全長×全幅×全高 (mm)	4165×1600×1310
ホイールベース (mm)	2425
トレッド前×後 (mm)	1280×1285
最低地上高 (mm)	175
車両重量 (kg)	940
乗車定員 (名)	5
燃料消費率 (km/ℓ)	16.5
最高速度 (km/h)	190
登坂能力	tan θ 0.63
最小回転半径 (m)	4.8
エンジン型式、種類	2T-G 型
配列気筒数、弁型式	G,水冷4サイクル, 4直シリンダー, DOHC
内径×行程 (mm)	85×70
総排気量 (cc)	1588
圧縮比	9.8:1
最高出力 (PS/rpm)	115/6400
最大トルク (kg·m/rpm)	14.5/5200
燃料・タンク容量 (ℓ)	50
トランスミッション	前進5段, オーバートップ, オールシンクロメッシュ, フロアチェンジ
ブレーキ	油圧, 前ディスク後ドラム, 2系統式, 真空倍力装置付
タイヤ	6.45-13-4PR
価格 (¥)	875,000

トヨタ自動車が開発した国産初の本格的スペシャリティカーで、同時に発売されたカリーナの姉妹車である。スポーティなルックスやインテリアなどが好評を得て、若者を中心に人気となった。また、パワートレインや内外装をユーザーの好みに合わせて選択できるというフルチョイスシステムを導入。計算上では1400万種類もの組み合わせが可能という画期的な販売方法であった。

写真は、DOHCヘッドにソレックスツインキャブレターで武装した1588ccエンジンを搭載し、最高速度190km、0-400m加速16.5secというスポーツカーなみの動力性能を発揮したGT。スポーティな5連メーターや本革バケットシートに加え、パワーウインドウやFMラジオなどを標準装備した豪華なインテリアも話題を呼んだ。

三菱ギャラン GTO‐MR

●発売　1970年12月

車名	三菱ギャラン GTO-MR
型式・車種記号	A53C-GR 型
全長×全幅×全高 (mm)	4125×1580×1310
ホイールベース (mm)	2420
トレッド前×後 (mm)	1295×1285
最低地上高 (mm)	165
車両重量 (kg)	980
乗車定員 (名)	5
燃料消費率 (km/ℓ)	18.0
最高速度 (km/h)	200
登坂能力	sin θ 0.48
最小回転半径 (m)	4.6
エンジン型式、種類	4G32 型
配列気筒数、弁型式	G.水冷4サイクル、4直シリンダー、DOHC
内径×行程 (mm)	76.9×86
総排気量 (cc)	1597
圧縮比	9.5：1
最高出力 (PS/rpm)	125/6800
最大トルク (kg・m/rpm)	14.5/5000
燃料・タンク容量 (ℓ)	55
トランスミッション	前進5段　オールシンクロメッシュ、フロアシフト
ブレーキ	油圧、前ディスク、後ドラム、2系統式、真空倍力装置付
タイヤ	165-SR-13PR　ラジアル
価格 (¥)	1,114,500

好調な販売を続けていたコルトギャラン
に追加設定されたスペシャリティクーペ。
1969年（昭和44年）の東京モーターショ
ーで注目を集めたGTX-1の市販化モデル
で、GTO（Grande Tourismo Omologare
【伊】）と名付けられてのデビューであった。
ロングノーズ＆ダックテールのスタイリング
には、4灯式ヘッドライトを採用して精悍さ
を強調。7連メーターが埋め込まれたラウン
ドタイプのダッシュパネルは、航空機のコッ
クピットさながらにデザインされていた。
エンジンは、コルトギャランAⅡの1499
ccをボアアップした1597ccの4G32型を搭
載。写真のMRには、DOHC化したヘッド
にソレックスのダブルチョークキャブレター
を2基搭載し、さらに圧縮比を9.5に高めた
最強バージョンが搭載された。

トヨタ・クラウンハードトップ SL

トヨタ自動車工業
●発売　1971年2月

車名	トヨタ・クラウンハードトップ SL
型式・車種記号	MS70-KS 型
全長×全幅×全高 (mm)	4680×1690×1410
ホイールベース (mm)	2690
トレッド前×後 (mm)	1390×1380
最低地上高 (mm)	175
車両重量 (kg)	1310
乗車定員 (名)	5
燃料消費率 (km/ℓ)	—
最高速度 (km/h)	165
登坂能力	tan θ 0.47
最小回転半径 (m)	5.5
エンジン型式、種類	M-D 型
配列気筒数、弁型式	G, 水冷, 4サイクル, 6直シリンダー, OHC
内径×行程 (mm)	75×75
総排気量 (cc)	1988
圧縮比	9.5:1
最高出力 (PS/rpm)	125/5800
最大トルク (kg·m/rpm)	16.5/3800
燃料・タンク容量 (ℓ)	70
トランスミッション	前進4段，オールシンクロメッシュ，フロアチェンジ
ブレーキ	油圧，前ディスク後ドラム，2系統式，真空倍力装置付
タイヤ	6.95-14-4PR　ロープロファイル
価格 (¥)	1,227,000

日本の中型車市場を代表するモデルへと成長していたクラウンの4代目モデルで、1971年（昭和46年）2月にデビューした。

スピンドルシェイプと名付けられた紡錘型の先進的なスタイリングが最大の特徴で、当時のプレスリリースには「これからのスタイリングをリードするものと考える」との記載がある。しかし、市場からの反応は好ましくなく、ニッサン・セドリック/グロリアにシェアを奪われることになってしまった。

1971年には、小型車枠を超える2563ccエンジンを搭載した2600シリーズを追加設定。フロントグリルなどを見直すなどのマイナーチェンジを1973年に実施するが、スタイリングに対するアレルギーを払拭することができず、モデルチェンジサイクルの4年を待たずに5代目へバトンタッチされた。

ニッサン・セドリック GX

日産自動車
●発売　1971年2月

車名	ニッサン・セドリック GX
型式・車種記号	230HK-AS 型（230HAK-AS 型）
全長×全幅×全高 (mm)	4690×1690×1455
ホイールベース (mm)	2690
トレッド前×後 (mm)	1380×1380
最低地上高 (mm)	185
車両重量 (kg)	1345 (1360)
乗車定員 (名)	6
燃料消費率 (km/ℓ)	—
最高速度 (km/h)	170 (155)
登坂能力	$\tan \theta$ 0.45 (0.45)
最小回転半径 (m)	5.5
エンジン型式、種類	L20 型
配列気筒数、弁型式	G、水冷、4サイクル、6直シリンダー、OHC
内径×行程 (mm)	78×69.7
総排気量 (cc)	1998
圧縮比	8.6:1
最高出力 (PS/rpm)	125/6000
最大トルク (kg·m/rpm)	17.0/4400
燃料・タンク容量 (ℓ)	65
トランスミッション	前進3段、オールシンクロメッシュ、オーバードライブ付、（3段変速機）、ハンドルチェンジ
ブレーキ	油圧、前ディスク後ドラム、2系統式、真空倍力装置付
タイヤ	6.95S-14-4PR　チューブレス
価格 (¥)	1,295,000 (1,370,000)

（　）内は自動変速機付き

1971年（昭和46年）2月にフルモデルチェンジを受けて3代目となったセドリックは、4代目グロリアとボディシェルを完全に共通化し、フロントグリルやリアコンビランプの意匠などだけが異なる姉妹車となった。

当時の流行だったコークボトルラインを取り入れたスタイリングは、格調を高めながら親しみのもてるデザインへ変更。万全の公害安全対策が施されたことも特徴で、ブローバイガス還元装置、アイドルリミッター付きキャブレター、コラプシブルステアリング、助手席シートベルトなどを全車に標準装備していた。

当時、中型車市場で圧倒的なシェアを誇っていたトヨタ・クラウンからトップの座を奪取した記念すべきモデルでもある。後にクラウン同様に2600cc版を追加している。

ミニカ
スキッパー GT

三菱ミニカスキッパー GT

三菱自動車工業
●発売　1971年5月

車名	三菱ミニカスキッパー GT
型式・車種記号	A101GT 型
全長×全幅×全高 (mm)	2995×1295×1275
ホイールベース (mm)	2000
トレッド前×後 (mm)	1125×1080
最低地上高 (mm)	145
車両重量 (kg)	470
乗車定員 (名)	4
燃料消費率 (km/ℓ)	—
最高速度 (km/h)	—
登坂能力	sin θ 0.46
最小回転半径 (m)	3.8
エンジン型式、種類	2G10 型
配列気筒数、弁型式	G、水冷、2サイクル、2直シリンダー
内径×行程 (mm)	62×59.6
総排気量 (cc)	359
圧縮比	10.0:1
最高出力 (PS/rpm)	38/7000
最大トルク (kg·m/rpm)	3.9/6500
燃料・タンク容量 (ℓ)	—
トランスミッション	前進4段、オールシンクロメッシュ、フロアチェンジ
ブレーキ	油圧、ドラム
タイヤ	145SR10　ラジアル
価格 (¥)	443,000

初代の2ドアノッチバックセダンからワゴン風のスタイルへ一新した2代目ミニカにラインナップされた派生モデル。1969年 (昭和44年) の東京モーターショーに参考出品されていたミニカクーペをベースとした三菱初の本格的な軽スポーツである。

流麗なファストバックスタイルには、ギャランGTOを彷彿とさせるフロントマスクや、後方視界を確保するシースルーウインドウ付きのハイカットオフテールなどを採用。インテリアにも本革巻きステアリングホイールやバケットシートなどが装備され、スポーティな雰囲気たっぷりに仕上げられていた。

写真のGTは、SUツインキャブレターを装着し、圧縮比を10.0に高めることで最高出力38PSを達成したホットモデルである。

ホンダ・ライフスタンダード

本田技研工業
●発売　1971年6月

車名	ホンダ・ライフ スタンダード
型式・車種記号	SA 型
全長×全幅×全高 (mm)	2995×1295×1340
ホイールベース (mm)	2080
トレッド前×後 (mm)	1130×1110
最低地上高 (mm)	165
車両重量 (kg)	505
乗車定員 (名)	4
燃料消費率 (km/ℓ)	—
最高速度 (km/h)	—
登坂能力	tan θ 0.31
最小回転半径 (m)	4.4
エンジン型式、種類	EA 型
配列気筒数、弁型式	G、水冷、4サイクル、2並列シリンダー、OHC
内径×行程 (mm)	67×50.6
総排気量 (cc)	356
圧縮比	8.8：1
最高出力 (PS/rpm)	30/8000
最大トルク (kg・m/rpm)	2.9/6000
燃料・タンク容量 (ℓ)	26
トランスミッション	前進4段、オールシンクロメッシュ、フロアチェンジ
ブレーキ	油圧、ドラム
タイヤ	5.20-10-4PR
価格 (¥)	346,000

軽乗用車市場に旋風を巻き起こしたN360シリーズに代わり、1971年（昭和46年）6月から発売されたホンダの主力軽乗用車。「まろやかなフィーリングファミリーカー」と銘打たれたライフは、スポーティで若々しさを最大の売りにしていたN360シリーズとはまったく逆のコンセプトで開発されていた。

横置きエンジンとFF方式というレイアウトはN360シリーズを踏襲したが、居住性を高めるためにロングホイールベースを採用し、4ドアボディも設定された。そしてホンダが最もこだわっていた空冷式エンジンも、新設計のバランサー付き水冷式へと変更。さらにカムシャフトの駆動に国内初のコッグドベルトを採用するなど、静粛性や経済性、利便性を重視したクルマへと生まれ変わったのである。

ダットサン・ブルーバード U1600 デラックス

日産自動車
●発売　1971年8月

車名	ダットサン・ブルーバード U 1600 デラックス
型式・車種記号	610WT 型（610AWT 型）
全長×全幅×全高 (mm)	4215 × 1600 × 1405
ホイールベース (mm)	2500
トレッド前×後 (mm)	1290 × 1300
最低地上高 (mm)	185
車両重量 (kg)	965 (980)
乗車定員 (名)	5
燃料消費率 (km/ℓ)	—
最高速度 (km/h)	160 (155)
登坂能力	tan θ 0.52 (0.47)
最小回転半径 (m)	4.9
エンジン型式、種類	L16 型
配列気筒数、弁型式	G, 水冷, 4サイクル, 4直シリンダー, OHC
内径×行程 (mm)	83 × 73.7
総排気量 (cc)	1595
圧縮比	8.5：1
最高出力 (PS/rpm)	100/6000
最大トルク (kg·m/rpm)	13.5/4000
燃料・タンク容量 (ℓ)	—
トランスミッション	前進4段、オールシンクロメッシュ、（3段自動変速機）、フロアチェンジ
ブレーキ	油圧、ドラム、2系統式
タイヤ	5.60-13-4PR
価格 (¥)	694,000 (761,000)

（　）内は自動変速機付き

大ヒットモデルとなった510系の後を継いで登場したブルーバードUシリーズは、先代に比べてボディサイズが大幅に拡大されていた。ライバルのトヨタ・コロナに対抗するため、上級モデルとして生まれ変わったのである。

ハードトップを中心にデザインされたというスタイリングは、独特のフロントマスクとJラインと名付けられたサイドウインドウラインが特徴。4ドアセダン、2ドアハードトップ、ワゴンと3タイプのボディが用意されていた。写真の1600デラックスは、70万円を切る低価格（MT車）が魅力のベーシックグレードだが、最上級グレードのハードトップSSS－Eには電子制御式燃料噴射装置を採用した1770ccのL18型エンジンを搭載し、最高速度175km/hを誇った。

スズキ・フロンテクーペ GX

鈴木自動車工業
●発売　1971年9月

車名	スズキ・フロンテクーペ GX
型式・車種記号	LC10W 型
全長×全幅×全高（mm）	2995×1295×1200
ホイールベース（mm）	2010
トレッド前×後（mm）	1120×1100
最低地上高（mm）	160
車両重量（kg）	480
乗車定員（名）	2
燃料消費率（km/ℓ）	—
最高速度（km/h）	—
登坂能力	tan θ 0.47
最小回転半径（m）	3.9
エンジン型式、種類	LC10W 型
配列気筒数、弁型式	G、水冷、2サイクル、3直シリンダー
内径×行程（mm）	52×58
総排気量（cc）	356
圧縮比	7.2：1
最高出力（PS/rpm）	37/6500
最大トルク（kg・m/rpm）	4.2/4500
燃料・タンク容量（ℓ）	27
トランスミッション	前進4段　オールシンクロメッシュ、フロアチェンジ
ブレーキ	油圧、ドラム
タイヤ	5.20-10-4PR
価格（¥）	455,000

フロンテ71（2代目フロンテ）をベースに開発された2シーターのスペシャリティカー。多様化する軽乗用車のユーザーニーズを先取りした画期的なモデルである。

欧州の雰囲気漂うクーペボディは、ジウジアーロのデザインをベースにスズキが独自に仕上げ、フロントフェンダーやボンネットフードには軽量なFRPを採用。その秀逸なスタイリングとともに先進性をもアピールしていた。また、6連丸型メーターや着座位置の低いバケットシートなどを採用した、インテリアも本格的であった。

1972年3月には、リアシートを装着して4シーターとしたGXFを追加設定。フロンテクーペのラインナップを強化してブランド力を高めたスズキは、同年から業界トップの座に君臨することとなる。

マツダ・グランドファミリア LX

●発売　1971年9月

車名	マツダ・グランドファミリア LX
型式・車種記号	STC 型
全長×全幅×全高(mm)	3970×1595×1380
ホイールベース (mm)	2310
トレッド前×後 (mm)	1285×1280
最低地上高 (mm)	170
車両重量 (kg)	790
乗車定員 (名)	5
燃料消費率 (km/ℓ)	—
最高速度 (km/h)	155
登坂能力	tan θ 0.54
最小回転半径 (m)	4.3
エンジン型式、種類	TC 型
配列気筒数、弁型式	G,水冷, 4サイクル, 4直シリンダー, OHC
内径×行程 (mm)	73×76
総排気量 (cc)	1272
圧縮比	9.2：1
最高出力 (PS/rpm)	87/6000
最大トルク (kg・m/rpm)	11/3500
燃料・タンク容量 (ℓ)	45
トランスミッション	前進4段　オールシンクロメッシュ、ハンドル又はフロアチェンジ
ブレーキ	油圧、ドラム
タイヤ	6.00-12-4PR
価格 (￥)	585,000

ファミリアプレストシリーズの上級モデルとしてデビューしたグランドファミリアは、同時に発売されたサバンナのレシプロエンジン車である。

スポーティさを強調したサバンナに対し、グランドファミリアは高級化が進みつつあった一般大衆市場に合わせて開発されており、フロントマスクやリアエンドは、シンプルでくせのないデザインを採用。エンジンは、ファミリアプレスト1300に搭載されていた1272ccのTC型。圧縮比の向上や吸気系の改良などのリファインを施し、最大出力を12PS高めていた。

1972年 (昭和47年) 2月には、1490ccエンジンを搭載したグランドファミリアSを追加設定。その後、100PSの1586ccエンジンを搭載する1600シリーズへ進化した。

マツダ・サバンナクーペ SX

東洋工業
●発売　1971年9月

車名	マツダ・サバンナクーペ SX
型式・車種記号	S102A 型
全長×全幅×全高 (mm)	4065×1595×1350
ホイールベース (mm)	2310
トレッド前×後 (mm)	1300×1290
最低地上高 (mm)	165
車両重量 (kg)	855
乗車定員 (名)	5
燃料消費率 (km/ℓ)	—
最高速度 (km/h)	180
登坂能力	tan θ 0.61
最小回転半径 (m)	4.3
エンジン型式、種類	10A 型
配列気筒数、弁型式	G，水冷、ロータリー、2直
内径×行程 (mm)	—
総排気量 (cc)	491×2
圧縮比	9.4：1
最高出力 (PS/rpm)	105/7000
最大トルク (kg·m/rpm)	13.7/3500
燃料・タンク容量 (ℓ)	60
トランスミッション	前進4段、オールシンクロメッシュ、フロアチェンジ
ブレーキ	油圧，前ディスク後ドラム
タイヤ	6.15-13-4PR　ロープロファイル
価格 (¥)	670,000

1971年（昭和46年）9月、マツダからロータリーエンジンを搭載するスペシャリティカーがデビューする。大草原を走る猛獣からイメージしてサバンナとネーミングされていた。スタイリングは、同時に発売された姉妹車のグランドファミリアと共通だったが、フロントマスクやリアエンドに独自の意匠を採用し、ロータリーエンジン車であることを主張。491cc×2ローターエンジンは、吸気系や気化器の改良により最高出力105PSを発揮した。翌年には、ワゴンボディやホットモデルのGTを追加設定している。

サバンナはRX-3として国内レースで活躍したことでも有名である。当時、無敵を誇っていたニッサン・スカイラインGT-Rの国内50連勝の阻止は、日本のレース史における伝説となっている。

スバル・レオーネクーペ 1400GSR

富士重工業
●発売　1971年10月

車名	スバル・レオーネクーペ 1400GSR
型式・車種記号	A22 型
全長×全幅×全高 (mm)	3995×1500×1340
ホイールベース (mm)	2455
トレッド前×後 (mm)	1260×1205
最低地上高 (mm)	165
車両重量 (kg)	775
乗車定員 (名)	5
燃料消費率 (km/ℓ)	—
最高速度 (km/h)	170
登坂能力	tan θ 0.44
最小回転半径 (m)	4.8
エンジン型式、種類	EA63S 型
配列気筒数、弁型式	G, 水冷, 4サイクル, 4水対シリンダー, OHV
内径×行程 (mm)	—
総排気量 (cc)	1361
圧縮比	10.0：1
最高出力 (PS/rpm)	93/6800
最大トルク (kg・m/rpm)	11/4800
燃料・タンク容量 (ℓ)	
トランスミッション	前進4段、オールシンクロメッシュ、フロアチェンジ
ブレーキ	油圧、前ディスク後ドラム、2系統式、真空倍力装置付
タイヤ	145SR13　ラジアル
価格 (¥)	719,000

独自のメカニズムで好評を博したFF-1の後継モデルで、1971年（昭和46年）10月にデビューした。車名のレオーネとは、イタリア語で「雄ライオン」の意味である。

水平対向エンジンやFF駆動方式といったスバルのコアテクノロジーは継承したものの、フロントサスペンションはストラット式へ、特徴的なインボードブレーキはオーソドックスなアウトボードへ変更され、エクステリアはロングノーズ＆ショートデッキスタイルへ一新された。

発売当初は2ドアモデルのみだったが、翌年には4ドアモデルを追加。専用の足回りや4輪ディスクブレーキを採用したホットモデルのRX、シンメトリカルAWDシステムの礎を築いたエステートバン4WDなどを発売し、スバルの主軸モデルへ成長するのである。

HONDA *Life* WAGON カスタム

ホンダ・ライフワゴンカスタム

本田技研工業
●発売　1971年10月

車名	ホンダ・ライフワゴンカスタム （1973年式）
型式・車種記号	WA型
全長×全幅×全高（mm）	2995×1295×1370
ホイールベース（mm）	2080
トレッド前×後（mm）	1130×1110
最低地上高（mm）	165
車両重量（kg）	545
乗車定員（名）	4
燃料消費率（km/ℓ）	—
最高速度（km/h）	—
登坂能力	sin θ 0.30
最小回転半径（m）	4.4
エンジン型式、種類	EA型
配列気筒数、弁型式	G, 水冷, 4サイクル, 直列2気筒, OHC
内径×行程（mm）	67×50.6
総排気量（cc）	356
圧縮比	8.8:1
最高出力（PS/rpm）	30/8000
最大トルク（kg·m/rpm）	2.9/6000
燃料・タンク容量（ℓ）	26
トランスミッション	4段, 全シンクロ, フロア
ブレーキ	油圧, 2系統式, 前ドラム後ドラム
タイヤ	5.20-10-4PR ⓛ
価格（¥）	451,000

ホンダの主力軽自動車として人気を博していたライフに追加設定されたステーションワゴンモデルで、1971年（昭和46年）10月から発売された（スペック表はフェイスリフト後の1973年モデル）。

ワゴンボディは2ドアセダンがベースとなっており、リアに採用された跳ね上げ式の一枚ドアが最大の特徴。ライフ本来がもつ室内スペースとあいまって、レジャーからビジネスまで対応できるモデルであった。

しかし、当時は軽乗用車のワゴンモデルへの認知度は低く、プレスリリースには、「このタイプの車は、ステーションワゴン、エステートカー、ツーリストカーとも呼ばれ、アメリカやヨーロッパではセダンよりも、いちだんと小粋な車とさえ考えられています。」と記載されていた。

三菱ギャランクーペ FTO GⅡ

三菱自動車工業
●発売　1971年11月

車名	三菱ギャランクーペFTO GⅡ
型式・車種記号	A61J 型
全長×全幅×全高 (mm)	3765×1580×1330
ホイールベース (mm)	2300
トレッド前×後 (mm)	1285×1285
最低地上高 (mm)	165
車両重量 (kg)	825
乗車定員 (名)	5
燃料消費率 (km/ℓ)	—
最高速度 (km/h)	160
登坂能力	tan θ 0.54
最小回転半径 (m)	4.4
エンジン型式、種類	4G41 型
配列気筒数、弁型式	G，水冷，4サイクル，4直シリンダー，OHV
内径×行程 (mm)	76.5×75
総排気量 (cc)	1378
圧縮比	9.0：1
最高出力 (PS/rpm)	86/6000
最大トルク (kg·m/rpm)	11.7/4000
燃料・タンク容量 (ℓ)	—
トランスミッション	前進4段，オールシンクロメッシュ，フロアチェンジ
ブレーキ	油圧，前ディスク，後ドラム，2系統式
タイヤ	6.15-13-4PR　ロープロファイル
価格 (¥)	608,000

足回りやボディの一部をコルトギャランと共通化したクーペスタイルのスペシャリティカー。車名のFTOとは、「Fresco Tourismo Omologare【伊】」の頭文字で、新鮮なクーペスタイルのツーリングカーを意味していた。精悍なエクステリアは、ロングノーズ＆ショートデッキスタイルに、ワイドトレッド＆ショートホイールベースを採用。独自のファストノッチスタイルは、後方視界とトランク開口部の制約を解決した。エンジンは新開発のネプチューンエンジンを搭載。レースやラリーでの経験をフィードバックしたハイカムシャフトメカニズムが採用されていた。

1972年（昭和47年）には年間生産台数21,034台を記録したFTOだったが、第一次オイルショックの影響を受けて、その後の販売は低迷してしまった。

トヨペット・コロナマークⅡ 2000GSL

トヨタ自動車工業
●発売　1972年1月

車名	トヨペット・コロナマークⅡ 2000GSL
型式・車種記号	RX12-KNB 型
全長×全幅×全高 (mm)	4325×1625×1390
ホイールベース (mm)	2585
トレッド前×後 (mm)	1355×1345
最低地上高 (mm)	175
車両重量 (kg)	1115
乗車定員 (名)	5
燃料消費率 (km/ℓ)	—
最高速度 (km/h)	175
登坂能力	$\tan\theta\,0.56$
最小回転半径 (m)	5.0
エンジン型式、種類	18R-B 型
配列気筒数、弁型式	G, 水冷, 4サイクル, 4直シリンダー, OHC
内径×行程 (mm)	88.5×88
総排気量 (cc)	1968
圧縮比	9.3：1
最高出力 (PS/rpm)	120/6000
最大トルク (kg·m/rpm)	16.5/4000
燃料・タンク容量 (ℓ)	60
トランスミッション	前進4段、オールシンクロメッシュ、フロアチェンジ
ブレーキ	油圧、前ディスク後ドラム、2系統式、真空倍力装置付
タイヤ	6.45-13-4PR　チューブレス
価格 (¥)	820,000

スペックはハイオクガソリン仕様

日本初のアッパーミドルクラスとして人気モデルに成長したマークⅡシリーズの2代目である。ボディは、セミファストバックの4ドアセダン、フルファストバックの2ドアハードトップ、ワゴンが用意され、よりスポーティなスタイルへと生まれ変わった。

エンジンは1968ccの4気筒SOHCがメインだったが、最上級グレードのLには、マークⅡ史上初となる1988cc 6気筒SOHCが搭載されていた。

写真の2000GSLは、スポーティな6連メーターのインパネに加え、木目調のステアリングホイールやシフトノブ、上質なテープヤーンニット地のシートを標準装備したセダン系の上級グレード。EFI（電子制御式燃料噴射装置）をいち早く採用したことでも話題となった。

トヨタ・カローラレビン 1600

トヨタ自動車工業
●発売　1972年3月

車名	トヨタ・カローラレビン 1600
型式・車種記号	TE27-MQ 型
全長×全幅×全高 (mm)	3955 × 1595 × 1335
ホイールベース (mm)	2335
トレッド前×後 (mm)	1270 × 1295
最低地上高 (mm)	150
車両重量 (kg)	855
乗車定員 (名)	5
燃料消費率 (km/ℓ)	―
最高速度 (km/h)	190
登坂能力	$\tan \theta$ 0.71
最小回転半径 (m)	4.8
エンジン型式、種類	2T-G 型
配列気筒数、弁型式	G,水冷4サイクル、4直シリンダー、DOHC
内径×行程 (mm)	85 × 70
総排気量 (cc)	1588
圧縮比	9.8:1
最高出力 (PS/rpm)	115/6400
最大トルク (kg·m/rpm)	14.5/5200
燃料・タンク容量 (ℓ)	45
トランスミッション	前進5段、オーバートップ、オールシンクロメッシュ、フロアチェンジ
ブレーキ	油圧、前ディスク後ドラム、2系統式
タイヤ	175/70HR-13　ロープロファイル、ラジアル
価格 (¥)	813,000

英語で「稲妻」を意味する車名が与えられたカローラレビンは、カローラシリーズ最強のスポーツモデルである。姉妹車のスプリンターシリーズには、スペイン語で「雷鳴」を意味するスプリンタートレノが姉妹車としてラインナップされた。

それぞれのクーペSRをベースとした両車は、セリカやカリーナのGT系で好評を得ていた1588ccの直列4気筒DOHCエンジンを搭載するとともに、駆動系や足回りを強化。5速MTを介して最高速度190km/h、0-400m加速16.3sec（5人乗車時）という強烈な動力性能を発揮したにもかかわらず、81.3万円と比較的安価で発売され、大ヒットモデルとなった。また、大径ラジアルタイヤのためのオーバーフェンダーや6連メーター採用のコックピットなども好評を博した。

ニッサン・ローレル 2000SGL

日産自動車
●発売　1972年4月

車名	ニッサン・ローレル 2000SGL
型式・車種記号	HC130T 型（HC130AT 型）
全長×全幅×全高 (mm)	4500×1680×1415
ホイールベース (mm)	2670
トレッド前×後 (mm)	1350×1340
最低地上高 (mm)	175
車両重量 (kg)	1170 (1180)
乗車定員 (名)	5
燃料消費率 (km/ℓ)	—
最高速度 (km/h)	170 (165)
登坂能力	tan θ 0.47
最小回転半径 (m)	5.3
エンジン型式、種類	L20 型
配列気筒数、弁型式	G, 水冷、4サイクル、6直シリンダー, OHC
内径×行程 (mm)	78×69.7
総排気量 (cc)	1998
圧縮比	8.6:1
最高出力 (PS/rpm)	115/5600
最大トルク (kg·m/rpm)	16.5/3600
燃料・タンク容量 (ℓ)	60
トランスミッション	前進4段、オールシンクロメッシュ、（3段自動変速機）、フロアチェンジ
ブレーキ	油圧、前ディスク後ドラム、2系統式
タイヤ	6.45-14-4PR　チューブレス
価格 (¥)	945,000 (1,000,000)

（　）内は自動変速機付

1800ccクラスというハイオーナーカー市場を創造したローレルは、さらなる高級化を求める市場からの要望に応え、1972年（昭和47年）4月にフルモデルチェンジされた。

2代目ローレルは、優雅でダイナミックなアメリカンスタイルと豪華なインテリアが特徴で、ボディタイプはハードトップと4ドアセダンを用意。販売面でも好調をキープし、従来の倍以上となる月6000〜8000台ペースで推移した。

写真の2000SGLには、トリコット地のシートやリアセンターアームレスト、パワーウインドウなどを標準装備。発売当初は4ドアセダンの最高級グレードであったが、1973年10月のマイナーチェンジ時に、2565ccのL26型エンジンを搭載した2600SGLシリーズが追加設定されている。

スバル・レックス TS

富士重工業
●発売　1972年6月

車名	スバル・レックス TS
型式・車種記号	K21型
全長×全幅×全高 (mm)	2995×1295×1285
ホイールベース (mm)	1920
トレッド前×後 (mm)	1135×1115
最低地上高 (mm)	175
車両重量 (kg)	490
乗車定員 (名)	4
燃料消費率 (km/ℓ)	―
最高速度 (km/h)	120 (推定値)
登坂能力	tan θ 0.41
最小回転半径 (m)	4.0
エンジン型式、種類	EK34型
配列気筒数、弁型式	G、水冷、2サイクル、2直シリンダー
内径×行程 (mm)	81.5×60
総排気量 (cc)	356
圧縮比	7.4：1
最高出力 (PS/rpm)	35/6500
最大トルク (kg·m/rpm)	4.0/6000
燃料・タンク容量 (ℓ)	25
トランスミッション	前進4段　オールシンクロメッシュ、フロアチェンジ
ブレーキ	油圧、ドラム
タイヤ	4.80-10-4PR
価格 (¥)	409,000

ラテン語で「王様」というネーミングが与えられたレックスは、スバル360、R-2に次いで発売されたスバルの軽自動車である。実用性を重視するあまり地味な存在となってしまったR-2の失敗を教訓に、スタイリングは若々しいウエッジシェイプボディへ一新。エンジンはR-2の末期モデルに搭載されていた水冷2サイクルの2気筒で、最大出力の違う3種類を用意。最上級グレードGSRには、37PSを発揮するツインバレルキャブレター装着のスポーツタイプが搭載されていた。

写真のTS（ツーリング・セダン）は、外装に砲弾型ミラーや専用ストライプ、タコメーターやデュアルスポークステアリングを内装に標準装備し、若者にアピールしたスポーティグレードであった。

マツダ・シャンテ GF II

東洋工業
●発売　1972年6月

車名	マツダ・シャンテ GF II
型式・車種記号	KMAA 型
全長×全幅×全高 (mm)	2995×1295×1290
ホイールベース (mm)	2200
トレッド前×後 (mm)	1130×1110
最低地上高 (mm)	155
車両重量 (kg)	490
乗車定員 (名)	4
燃料消費率 (km/ℓ)	—
最高速度 (km/h)	—
登坂能力	tan θ 0.47
最小回転半径 (m)	4.0
エンジン型式、種類	AA 型
配列気筒数、弁型式	G、水冷、2サイクル、2直シリンダー
内径×行程 (mm)	61×61.5
総排気量 (cc)	359
圧縮比	10.0:1
最高出力 (PS/rpm)	35/6500
最大トルク (kg·m/rpm)	4.0/5500
燃料・タンク容量 (ℓ)	28
トランスミッション	前進4段、オールシンクロメッシュ、フロアチェンジ
ブレーキ	油圧、ドラム
タイヤ	145SR10　ラジアル
価格 (¥)	465,000

軽乗用車市場から一時撤退していたマツダが、キャロルの後継モデルとして開発した軽乗用車。シャンテとはフランス語で、「さあ歌いましょう」という意味である。

2200mmというロングホイールベースが最大の特徴で、室内空間やラゲッジスペースは小型車なみの広さを実現。開発当初は、1ローターのロータリーエンジンを搭載する計画もあったというが、実際にはオーソドックスな水冷2サイクルの2気筒エンジンが搭載され、駆動方式はFR方式であった。

写真のGF IIは、本革巻きステアリングホイールやタコメーター、レザータイプのバケットシート、ラジアルタイヤなどを標準装備した最高級グレードで、若者を中心に支持された。

ホンダ・シビックデラックス 2 ドア

本田技研工業
●発売　1972年7月

車名	ホンダ・シビック デラックス 2 ドア
型式・車種記号	SB1 型
全長×全幅×全高 (mm)	3405×1505×1325
ホイールベース (mm)	2200
トレッド前×後 (mm)	1300×1280
最低地上高 (mm)	175
車両重量 (kg)	615
乗車定員 (名)	5
燃料消費率 (km/ℓ)	22
最高速度 (km/h)	145
登坂能力	sin θ 0.46
最小回転半径 (m)	4.7
エンジン型式、種類	EB1 型
配列気筒数、弁型式	G, 水冷, 4 サイクル, 4 直シリンダー, OHC
内径×行程 (mm)	70×76
総排気量 (cc)	1169
圧縮比	8.1:1
最高出力 (PS/rpm)	60/5500
最大トルク (kg·m/rpm)	9.5/3000
燃料・タンク容量 (ℓ)	38
トランスミッション	前進4段, オールシンクロメッシュ, フロアチェンジ
ブレーキ	油圧, ドラム, 2 系統式
タイヤ	6.00-12-4PR
価格 (¥)	475,000

1972年（昭和47年）7月にホンダが大衆車の第2弾として発売した2ボックスカー。優れた動力性能やホンダらしいメカニズムなどで話題を集めたホンダ1300シリーズが、販売面では苦戦を強いられたことを教訓に、公害対策や安全への配慮とともに扱いやすさを最優先に開発されていた。車名のCIVIC（sivic）とは、「市民の、公民の、都市の」という意味である。

FF方式の2ボックスを基本としたボディには、60PSを発揮する水冷1169cc直列4気筒エンジンやストラット式4輪独立懸架サスペンションなどの新機構を採用。派手さはないものの、シンプルなスタイリングや堅実な走りなどで好評価を得たシビックは、発売と同時に大ヒットを記録し、ホンダの主力車種へと成長するのである。

ニッサン・スカイライン 1800 スポーティ GL

日産自動車
●発売　1972年9月

車名	ニッサン・スカイライン 1800 スポーティ GL
型式・車種記号	PC110HT（PC100HAT）
全長×全幅×全高 (mm)	4250×1625×1405
ホイールベース (mm)	2515
トレッド前×後 (mm)	1350×1340
最低地上高 (mm)	165
車両重量 (kg)	1005
乗車定員 (名)	5
燃料消費率 (km/ℓ)	—
最高速度 (km/h)	165 (160)
登坂能力	$\tan\theta$ 0.48
最小回転半径 (m)	5.0
エンジン型式、種類	G18 型
配列気筒数、弁型式	G, 水冷, 4サイクル, 4直シリンダー, OHC
内径×行程 (mm)	85×80
総排気量 (cc)	1815
圧縮比	8.3:1
最高出力 (PS/rpm)	105/5600
最大トルク (kg·m/rpm)	15.3/3600
燃料・タンク容量 (ℓ)	60
トランスミッション	前進4段、オールシンクロメッシュ、（3段自動変速機）、フロアチェンジ
ブレーキ	油圧、前ディスク後ドラム、2系統式、真空倍力装置付
タイヤ	6.15-14-4PR
価格 (¥)	797,000 (852,000)

（　）内は自動変速機付

「ケンとメリーのスカイライン」とのキャッチフレーズからケンメリと呼ばれた4代目スカイラインは、1972年（昭和47年）9月にデビュー。伝統のサーフィンラインを継承しながらも大きく優雅に生まれ変わったスタイリングや、豪華装備を採用したインテリアなど、2代目ローレルとよく似た特徴を備えていた。ボディタイプは、従来通りに4ドアセダン、2ドアハードトップ、ワゴンを用意。パワートレイン系の変更では、スタンダードなG15型のエンジン排気量が1593ccに高められてG16型になったことが挙げられる。

4代目スカイラインは、発売時の大々的なキャンペーンなどが功を奏して月販台数1万〜1万5000台を常にキープ。スカイラインの存在をマニアだけではなく、一般ユーザーにも広げるきっかけを作ったモデルであった。

ホンダ・ライフステップバンスタンダード

本田技研工業
●発売　1972年9月

車名	ホンダ・ライフステップバン スタンダード
型式・車種記号	VA型
全長×全幅×全高 (mm)	2995×1295×1620
ホイールベース (mm)	2080
トレッド前×後 (mm)	1130×1110
最低地上高 (mm)	165
車両重量 (kg)	605
乗車定員 (名)	4
燃料消費率 (km/ℓ)	24
最高速度 (km/h)	—
登坂能力	tan θ 0.25
最小回転半径 (m)	4.4
エンジン型式、種類	EA型
配列気筒数、弁型式	G,水冷, 4サイクル, 2直シリンダー,OHC
内径×行程 (mm)	—
総排気量 (cc)	356
圧縮比	8.8:1
最高出力 (PS/rpm)	30/8000
最大トルク (kg·m/rpm)	2.9/6000
燃料・タンク容量 (ℓ)	26
トランスミッション	前進4段, オールシンクロメッシュ, フロアチェンジ
ブレーキ	油圧, ドラム
タイヤ	5.00-10-4PR.ULT
価格 (¥)	376,000

ホンダが1972年（昭和47年）9月に発売したライフステップバンは、市場からのバンニーズに応えるかたちで生まれたライフの派生車種である。そのユニークなスタイルや利便性に目を付けた一部のユーザーからは、絶大な支持を受けた。

セミキャブオーバー風の5ドアボディは、ライフのシャシーコンポーネントを約80%流用。それ以外でも上下分割式のリアハッチゲートにはLN360、フロントグリルやウインカーライトにはTN360のものを採用し、新規部品を極力使わない手法で開発されていた。軽トールワゴンのパイオニア的な存在であったが、販売は振るわず1974年に生産が中止に。しかし、そのコンセプトは大ヒットを記録したオデッセイやステップワゴンへ受け継がれたといえるであろう。

三菱ミニカ F4 GSL

●発売　1972年10月

車名	三菱ミニカ F4 GL
型式・車種記号	A103GL 型
全長×全幅×全高 (mm)	2995 × 1295 × 1315
ホイールベース (mm)	2000
トレッド前×後 (mm)	1120 × 1080
最低地上高 (mm)	145
車両重量 (kg)	515
乗車定員 (名)	4
燃料消費率 (km/ℓ)	—
最高速度 (km/h)	115（推定値）
登坂能力	tan θ 0.37
最小回転半径 (m)	3.8
エンジン型式、種類	2G21 型
配列気筒数、弁型式	G,水冷, 4サイクル, 2直シリンダー, OHC
内径×行程 (mm)	62 × 59.6
総排気量 (cc)	359
圧縮比	8.5：1
最高出力 (PS/rpm)	32/8000
最大トルク (kg・m/rpm)	3.0/5500
燃料・タンク容量 (ℓ)	30
トランスミッション	前進4段、 オールシンクロメッシュ、 フロアチェンジ
ブレーキ	油圧、 ドラム
タイヤ	5.20-10-4PR
価格 (¥)	437,000

1972年（昭和47年）10月、三菱ミニカがフルモデルチェンジを受けて3代目となった。サブネームのF4のFとは「Fourcycle、Fresh、Family」の頭文字で、4サイクルエンジン搭載の新しいファミリーカーという意味が込められていた。

シャシーを先代から踏襲したため、シルエットは変わらないが、黄金虫（こがねむし）シェルと名付けられたスタイリングは全体に丸みを帯びたデザインとなり、新たにリアガラスハッチを採用。エンジンにはF4の名が示す通り、新開発された水冷4サイクルSOHC機構のG2型シリーズが搭載されていた。

写真のGSLやGL（スペック表はGL）は、フロントマスクに丸型4灯ヘッドライトが採用され、他グレードとの差別化を図った高級グレードであった。

ホンダ 145 カスタム

本田技研工業
●発売　1972年11月

車名	ホンダ 145 カスタム
型式・車種記号	SD（021）型
全長×全幅×全高 (mm)	4020×1465×1360
ホイールベース (mm)	2250
トレッド前×後 (mm)	1255×1225
最低地上高 (mm)	160
車両重量 (kg)	880
乗車定員 (名)	5
燃料消費率 (km/ℓ)	20
最高速度 (km/h)	160
登坂能力	tan θ 0.47
最小回転半径 (m)	4.8
エンジン型式、種類	EB5 型
配列気筒数、弁型式	G, 水冷, 4サイクル, 4直シリンダー, OHC
内径×行程 (mm)	72×88
総排気量 (cc)	1433
圧縮比	8.6:1
最高出力 (PS/rpm)	80/5500
最大トルク (kg·m/rpm)	12.0/3500
燃料・タンク容量 (ℓ)	45
トランスミッション	前進4段, オールシンクロメッシュ, フロアチェンジ
ブレーキ	油圧, 前ディスク後ドラム, 2系統式
タイヤ	6.20S-13-4PR
価格 (¥)	658,000

ホンダ145シリーズは、ホンダ1300シリーズのマイナーチェンジともいえるモデルで1972年（昭和47年）11月にデビュー。ボディタイプは1300シリーズと同様にセダンとクーペを用意された。

エンジンを空冷のH1300E型からシビックのものを拡大した水冷のEB5型へ変更したことが最大の特徴であったが、同時にマニア垂涎のDDACエンジンがホンダ車のラインナップから消えてしまった。

その変わりというわけではないであろうが、トップグレードとなる145クーペFIには、DDACエンジン同様にF1からフィードバックした機式の燃料噴射装置が採用された。標準エンジンに比べ10PSの出力アップが図られたが、ピーキーなセッティングではなく最高速度は170km/hに抑えられていた。

マツダ・ルーチェセダン GR

東洋工業
●発売　1972年11月

車名	マツダ・ルーチェセダン GR
型式・車種記号	LA22S 型
全長×全幅×全高 (mm)	4240×1660×1410
ホイールベース (mm)	2510
トレッド前×後 (mm)	1380×1370
最低地上高 (mm)	175
車両重量 (kg)	1010
乗車定員 (名)	5
燃料消費率 (km/ℓ)	—
最高速度 (km/h)	180
登坂能力	tan θ 0.63
最小回転半径 (m)	5.0
エンジン型式、種類	12A 型
配列気筒数、弁型式	G、水冷、ロータリー、2直
内径×行程 (mm)	—
総排気量 (cc)	573×2
圧縮比	9.4:1
最高出力 (PS/rpm)	120/6500
最大トルク (kg·m/rpm)	16.0/3500
燃料・タンク容量 (ℓ)	65
トランスミッション	前進4段、オールシンクロメッシュ、フロアチェンジ
ブレーキ	油圧、前ディスク後ドラム、2系統式、真空倍力装置付
タイヤ	6.45-13-4PR　ロープロファイル
価格 (¥)	—

マツダのフラッグシップカーとして好評を得ていたルーチェのフルモデルチェンジは、1972年(昭和47年)11月に実施された。発売当初はロータリーエンジン搭載車のみがラインナップされており、公害対策装置のREAPS(ロータリー・エンジン・アンチ・ポリューション・システム)を採用したAPシリーズも同時に設定されていた。

1973年5月には、進化したREAPS2採用のルーチェAPを新たに発売。各メーカーがクリアできずにいるなか、50年排出ガス規制にいち早く適合し、低公害車として優遇税制適合車の第1号となった。

東京都では公用車として使用されるなど、クリーン車としてのイメージを確立しつつあったが、燃費の悪さがクローズアップされると、急激に販売台数を落とすこととなった。

ニッサン・スカイラインハードトップ 2000GT−R

日産自動車
●発売　1973年1月

車名	ニッサン・スカイライン ハードトップ 2000GT-R
型式・車種記号	KPGC110 型
全長×全幅×全高（mm）	4460×1695×1380
ホイールベース（mm）	2610
トレッド前×後（mm）	1395×1375
最低地上高（mm）	2610
車両重量（kg）	1145
乗車定員（名）	5
燃料消費率（km/ℓ）	—
最高速度（km/h）	200
登坂能力	0.46
最小回転半径（m）	5.2
エンジン型式、種類	S20 型
配列気筒数、弁型式	G、水冷、4サイクル、6直シリンダー
内径×行程（mm）	82×62.8
総排気量（cc）	1989
圧縮比	9.5：1
最高出力（PS/rpm）	160/7000
最大トルク（kg·m/rpm）	18.0/5600
燃料・タンク容量（ℓ）	55
トランスミッション	前進5段後退1段、オールシンクロメッ シュ、オーバードライブ付、フロアチェ ンジ
ブレーキ	前ディスク後ディスク
タイヤ	175HR14
価格（¥）	1,620,000

ケンメリの愛称で親しまれた4代目スカイラインに設定されたGT−Rは、モデルチェンジによりボディは大型化、重量も45kg増となった。

基本構造は先代GT−Rを踏襲したが、この2代目GT−Rは国内初で4輪ディスクブレーキを標準装備。さらにステアリングやトランスミッションのギアレシオの変更、サスペンションセッティングの見直しなどのリファインが実施された。スタイリングでは、フロントのメッシュグリル、前後輪のオーバーフェンダー、リアのエアスポイラーなどで差別化を図っていた。

200台限定発売の予定だったが、年々厳しくなる排出ガス規制に対応できず、発売からわずか4カ月で生産中止となり、約200台だけが世に出た稀少車である。

ニッサン・バイオレットハードトップ 1600SSS−E

日産自動車
●発売　1973年1月

車名	ニッサン・バイオレット ハードトップ 1600SSS-E
型式・車種記号	KP710WFE 型
全長×全幅×全高 (mm)	4120×1580×1375
ホイールベース (mm)	2450
トレッド前×後 (mm)	1310×1320
最低地上高 (mm)	170
車両重量 (kg)	1005
乗車定員 (名)	5
燃料消費率 (km/ℓ)	—
最高速度 (km/h)	170
登坂能力	tan θ 0.44
最小回転半径 (m)	4.8
エンジン型式、種類	L16E 型
配列気筒数、弁型式	G, 水冷, 4サイクル, 直列4気筒, OHC
内径×行程 (mm)	83×73.7
総排気量 (cc)	1595
圧縮比	9.0:1
最高出力 (PS/rpm)	115/6200
最大トルク (kg·m/rpm)	14.6/4200
燃料・タンク容量 (ℓ)	レギュラー・55
トランスミッション	5段, 全シンクロ, フロア
ブレーキ	前ディスク, サーボ付後ドラム
タイヤ	6.45S-13-4PR　Ⓣ
価格 (¥)	977,000

510系ブルーバードがモデルチェンジを期に車格を上げてブルーバードUとなったため、実質的な510系ブルーバードの後継モデルとして開発された小型サルーン。車名のバイオレットは英語で「スミレ」の意味。

プラットフォームは510系ブルーバードを踏襲してコストダウンを図っており、ボディタイプは4ドアセダンと2ドアハードトップを設定。ともに流麗なファストバックスタイルが印象的であった。

写真のSSS−Eは、パワートレインにニッサンEGIと呼ばれる電子制御式燃料噴射装置付きのL16E型エンジンと5速MTを採用し、リアにセミトレーリングアーム式の独立懸架サスペンション（SSS系以外はリーフリジット式）を奢った最上級スポーティグレードである。

ニッサン・キャラバンコーチ 10 人乗り

日産自動車
●発売　1973年2月

車名	ニッサン・キャラバン コーチ10人乗り
型式・車種記号	KSE20B 型
全長×全幅×全高 (mm)	4310×1690×1905
ホイールベース (mm)	2350
トレッド前×後 (mm)	1375×1390
最低地上高 (mm)	200
車両重量 (kg)	1345
乗車定員 (名)	5
燃料消費率 (km/ℓ)	—
最高速度 (km/h)	120
登坂能力	tan θ 0.40
最小回転半径 (m)	4.9
エンジン型式、種類	J15 型
配列気筒数、弁型式	G、水冷、4サイクル、直列4気筒
内径×行程 (mm)	78×77.6
総排気量 (cc)	1483
圧縮比	8.3:1
最高出力 (PS/rpm)	77/5200
最大トルク (kg·m/rpm)	12.0/3200
燃料・タンク容量 (ℓ)	48
トランスミッション	4段、全シンクロメッシュ、コラム
ブレーキ	油圧、ドラム、サーボ付、2系統式
タイヤ	6.00-14-6PR
価格 (¥)	867,000

トヨタ・ハイエースに対抗するため、1973年(昭和48年)2月に発売された日産自動車初の中型キャブオーバータイプのワンボックスカー。車両の開発は日産車体が担当。キャラバンは日産モーター系の専用モデルであり、1976年からはグリルなどが異なる姉妹車のホーミーがプリンス系で販売された。専用開発された一体構造ボディは、広大な室内空間の確保はもちろんのこと、優れた乗り心地や乗降性の向上にも寄与。サスペンションは、フロントにトーションバースプリングの独立懸架式、リアに半楕円対称リーフスプリングを採用したリジッドアクスル式であった。

写真はコーチと名付けられたワゴンタイプ(5ナンバー登録)の10人乗りだが、3列シートの9人乗りも用意されていた。

三菱ランサー 1400GL 4 ドア

三菱自動車工業
●発売　1973年2月

車名	三菱ランサー 1400GL 4 ドア
型式・車種記号	A72J 型
全長×全幅×全高 (mm)	3960×1525×1360
ホイールベース (mm)	2340
トレッド前×後 (mm)	1275×1255
最低地上高 (mm)	165
車両重量 (kg)	825
乗車定員 (名)	5
燃料消費率 (km/ℓ)	—
最高速度 (km/h)	165
登坂能力	tan θ 0.54
最小回転半径 (m)	4.5
エンジン型式、種類	4G33 型
配列気筒数、弁型式	G, 水冷, 4サイクル, 直列4気筒, OHC
内径×行程 (mm)	73×86
総排気量 (cc)	1439
圧縮比	9.0
最高出力 (PS/rpm)	92/6300
最大トルク (kg・m/rpm)	12.5/4000
燃料・タンク容量 (ℓ)	45
トランスミッション	4段, 全シンクロ, フロア
ブレーキ	油圧, 2系統式, サーボ付, 前ディスク後ドラム
タイヤ	6.15-13-4PR Ⓣ
価格 (¥)	609,000

三菱自動車の名古屋自動車製作所と水島自動車製作所が、コルト800や1000で培った大衆車づくりのノウハウを結集した小型大衆乗用車。英語で「槍騎兵」という意味を持つランサーは、1187cc、1439cc、1597ccと3種類のエンジンが選択可能で、ボディタイプやボディカラーを含めると、発売当初から50ものラインナップを用意していた。

シャシーは、ギャランのモノコック構造ボディを流用し、優れた操縦安定性と安全性を確保。MCA（ミツビシ・クリーン・エア）システムと呼ばれる独自の排ガス対策を全車に施し、EPA（米国環境保護庁）から低公害車認定を受けたことも話題となった。

また、スポーティグレードの1600GSRをベースに、世界的なラリーでも大活躍し、優れた走行性能をアピールした。

トヨタ・スターレット 1200XT

トヨタ自動車工業
●発売　1973年4月

車名	トヨタ・スターレット1200XT
型式・車種記号	KP47-KB 型
全長×全幅×全高 (mm)	3790×1530×1325
ホイールベース (mm)	2265
トレッド前×後 (mm)	1260×1245
最低地上高 (mm)	170
車両重量 (kg)	720
乗車定員 (名)	5
燃料消費率 (km/ℓ)	—
最高速度 (km/h)	150
登坂能力	$\tan \theta$ 0.54
最小回転半径 (m)	4.4
エンジン型式、種類	3K 型
配列気筒数、弁型式	G, 水冷, 4サイクル, 直列4気筒, OHV
内径×行程 (mm)	75×66
総排気量 (cc)	1166
圧縮比	9.0
最高出力 (PS/rpm)	68/6000
最大トルク (kg・m/rpm)	9.5/3800
燃料・タンク容量 (ℓ)	37
トランスミッション	4段, 全シンクロ, フロア
ブレーキ	油圧, 2系統式, 前ドラム後ドラム
タイヤ	6.00-12-4PR
価格 (¥)	553,000

カローラの登場により販売台数が落ち込んでいたパブリカシリーズを強化すべく発売された新型車。セリカで好評だったフルチョイス方式を簡易化したフリーチョイス方式が導入され、内外装、エンジン、トランスミッションの組み合わせが選択可能であった。若者向けに開発されたというスターレットは、スポーティなロングノーズ＆ファストバックのクーペスタイルを採用。室内には、前後160mmのスライド機構を備えたフロントシートや分割可倒式リアシートが採用され、スペースを有効利用できた。なお、パワートレインやシャシーコンポーネンツは、カローラやパブリカのものを流用していた。

1973年（昭和48年）10月には4ドアセダンモデルを追加し、パブリカシリーズの1モデルではなく、スターレットとして独立した。

トヨタ・セリカリフトバック 2000GT

トヨタ自動車工業
●発売　1973年4月

車名	トヨタ・セリカリフトバック 2000GT
型式・車種記号	RA25-MQ 型
全長×全幅×全高 (mm)	4215×1620×1280
ホイールベース (mm)	2425
トレッド前×後 (mm)	1300×1305
最低地上高 (mm)	155
車両重量 (kg)	1040
乗車定員 (名)	4
燃料消費率 (km/ℓ)	16
最高速度 (km/h)	205
登坂能力	$\tan\theta$ 0.74
最小回転半径 (m)	5.2
エンジン型式、種類	18R-G 型
配列気筒数、弁型式	G, 水冷, 4 サイクル, 直列 4 気筒, DOHC
内径×行程 (mm)	88.5×88
総排気量 (cc)	1968
圧縮比	9.7
最高出力 (PS/rpm)	145/6400
最大トルク (kg・m/rpm)	18.0/5200
燃料・タンク容量 (ℓ)	50
トランスミッション	5段, 全シンクロ, フロア
ブレーキ	油圧, 前ディスク後ドラム
タイヤ	185/70HR13 (黒)
価格 (¥)	1,125,000

トヨタ初のスペシャリティモデルとして人気を博していたセリカに設定されたリフトバックモデル。当時、急速にブームとなりつつあったスポーティドライブ＆レジャーという新たな行動パターンのためのマルチユーススペシャリティカーである。

独自のテールゲートを採用したスタイリングは、通常のセリカに比べてフロントのオーバーハングを70mm延長し、リアオーバーハングを20mm短縮。さらに全幅を20mm拡大し、最低地上高は155mmに設定されていた。

写真の2000GTは、ソレックスツインキャブレターを採用した1968cc DOHCエンジンやポルシェタイプシンクロの5速MTに加え、185/70HR13サイズのラジアルタイヤを装着した最上級グレード。トヨタのラインナップ中、最もスポーティなモデルであった。

ダットサン・サニーエクセレント 1400 4 ドア GL

日産自動車
●発売　1973年5月

車名	ダットサン・サニーエクセレント 1400 4ドア GL
型式・車種記号	PB210GT 型
全長×全幅×全高 (mm)	4045×1545×1370
ホイールベース (mm)	2340
トレッド前×後 (mm)	1255×1245
最低地上高 (mm)	165
車両重量 (kg)	880
乗車定員 (名)	5
燃料消費率 (km/ℓ)	—
最高速度 (km/h)	155
登坂能力	tan θ 0.51
最小回転半径 (m)	4.7
エンジン型式、種類	L14 型
配列気筒数、弁型式	G，水冷，4サイクル，直列4気筒
内径×行程 (mm)	83×66
総排気量 (cc)	1428
圧縮比	9.0:1
最高出力 (PS/rpm)	85/6000
最大トルク (kg·m/rpm)	11.8/3600
燃料・タンク容量 (ℓ)	44
トランスミッション	4段，全シンクロ，フロア
ブレーキ	油圧，2系統式，サーボ付，前ディスク，サーボ付後ドラム
タイヤ	6.15-13-4PR Ⓣ
価格 (¥)	635,000

トヨタ・カローラとの販売台数の差を詰めることができなかった2代目サニーはわずか3年3カ月で3代目へバトンタッチされた。

ボディは2代目に追加設定されていたエクセレントシリーズとシャシーを統一し、さらなる大型化を推進。初代の軽快なイメージは完全に薄れたが、替わりにふくよかなラインと豊かさを手に入れた。また、メーター類を上部にコントロール系を下部に配置したオーバルスクープコックピットの採用も話題となった。

パワートレインやシャシーコンポーネンツのほとんどは2代目を踏襲しており、見た目の豪華さにこだわった3代目だったが、販売台数を伸ばすことはかなわずフルモデルチェンジを迎えることとなった。ちなみにダットサンを名乗った最後のサニーである。

三菱ニューギャランハードトップ 2000GS‑Ⅱ

三菱自動車工業
●発売　1973年6月

車名	三菱ニューギャラン ハードトップ 2000GS‑Ⅱ
型式・車種記号	A115HNGS 型
全長×全幅×全高 (mm)	4200×1615×1360
ホイールベース (mm)	2420
トレッド前×後 (mm)	1320×1300
最低地上高 (mm)	170
車両重量 (kg)	985
乗車定員 (名)	5
燃料消費率 (km/ℓ)	—
最高速度 (km/h)	185
登坂能力	tan θ 0.60
最小回転半径 (m)	4.7
エンジン型式、種類	4G52 型
配列気筒数、弁型式	G, 水冷, 4サイクル, 直列4気筒, OHC
内径×行程 (mm)	84×90
総排気量 (cc)	1995
圧縮比	9.5
最高出力 (PS/rpm)	125/6200
最大トルク (kg・m/rpm)	17.5/4200
燃料・タンク容量 (ℓ)	51
トランスミッション	5段, OT付, 全シンクロ, フロア
ブレーキ	油圧, 2系統式, サーボ付, 前ディスク 後ドラム
タイヤ	165SR‑13　Ⓡ
価格 (¥)	910,000

三菱を代表するモデルへと成長したコルトギャランの初フルモデルチェンジは1973年（昭和48年）6月。ニューギャランとして発売された2代目は、小型大衆乗用車のランサーがデビューしていたため、中型乗用車市場への対応を最重要ポイントとして開発されていた。

スタイリングは中年層を取り込むために温かみを帯びたものになり、3種類のエンジンラインナップも1597cc、1855cc、1955ccとそれぞれ排気量が高められていた。

写真の2000GS‑Ⅱは、アストロンと名付けられた1995cc水冷4サイクル4気筒SOHCの4G52型エンジンを搭載した最高級モデル。三菱初のサイレントシャフトシステムを採用し、8気筒エンジンなみの静粛性を実現したことが最大の特徴である。

スズキ・フロンテ FC

鈴木自動車工業
●発売　1973年7月

車名	スズキ・フロンテ FC
型式・車種記号	LC20FC 型
全長×全幅×全高 (mm)	2995×1295×1300
ホイールベース (mm)	2030
トレッド前×後 (mm)	1110×1080
最低地上高 (mm)	190
車両重量 (kg)	545
乗車定員 (名)	4
燃料消費率 (km/ℓ)	―
最高速度 (km/h)	115
登坂能力	tan θ 0.43
最小回転半径 (m)	4.1
エンジン型式、種類	LC10W 型
配列気筒数、弁型式	G、水冷、2サイクル、直列3気筒、ピストン
内径×行程 (mm)	52×56
総排気量 (cc)	356
圧縮比	7.7：1
最高出力 (PS/rpm)	34/6000
最大トルク (kg·m/rpm)	4.2/4500
燃料・タンク容量 (ℓ)	26
トランスミッション	4段、全シンクロ、フロア
ブレーキ	油圧、前ドラム後ドラム
タイヤ	5.20-10-4PR
価格 (¥)	475,000

スズキの主力車種であったフロンテの3代目モデル。2ドアモデルに加えて新たに4ドアモデルを設定したことが特徴である。

パワートレインなどのメカニカルコンポーネンツは先代を踏襲したが、スタイリングは、先代の直線的なスティングレイルックから丸みを帯びたコークボトルライン風のオーバルシェルへ一新。リアにはガラスハッチが設定され、前後に2つのトランクルームを持った。

また、4ドアモデルのリアドアにはチャイルドロック機構が備えられ、ファミリーカーとしての性格がより強められていた。

写真のFCには、熱線入りバックウインドウや熱線吸収青色ガラス、時計などが標準装備されていた。

トヨペット・コロナ 1600 デラックス

トヨタ自動車工業
●発売　1973年8月

車名	トヨペット・コロナ 1600 デラックス
型式・車種記号	TT100-YDF 型
全長×全幅×全高 (mm)	4210 × 1610 × 1390
ホイールベース (mm)	2500
トレッド前×後 (mm)	1345 × 1320
最低地上高 (mm)	170
車両重量 (kg)	975
乗車定員 (名)	5
燃料消費率 (km/ℓ)	―
最高速度 (km/h)	160
登坂能力	tan θ 0.50
最小回転半径 (m)	5.0
エンジン型式、種類	2T 型
配列気筒数、弁型式	G, 水冷, 4サイクル, 直列4気筒, OHV
内径×行程 (mm)	85 × 70
総排気量 (cc)	1588
圧縮比	8.5
最高出力 (PS/rpm)	100/6000
最大トルク (kg・m/rpm)	13.7/3800
燃料・タンク容量 (ℓ)	55
トランスミッション	3段, 全シンクロ, コラム
ブレーキ	油圧, 2系統式, 前ドラム後ドラム
タイヤ	6.45-13-4PR　Ⓣ
価格 (¥)	630,000

1973月（昭和48年）8月にフルモデルチェンジを受けて5代目となったコロナは、トラブルや事故を未然に防ぐ予防安全の思想を取り入れた安全対策の採用が特徴。

新設計されたモノコックボディは、前後のボディを潰れやすくしてキャビンを守る衝撃吸収構造とし、ルーフを絞って車幅を拡大した台形ボディは、横転時のルーフクラッシュを防止した。さらに上級グレードには、OKモニターと名付けられた日本車初の自己診断機能を採用。これは、エンジンオイルやブレーキパッドなど安全走行に関する11の項目をコンピュータでモニタリングし、異常が生じた場合にドライバーへ警告するという画期的なシステムであった。

公害対策も万全で3種類のエンジンすべてで昭和48年規制を先行してクリアしていた。

ニッサン・プレジデント D タイプ

日産自動車
●発売　1973年8月

車名	ニッサン・プレジデント D タイプ
型式・車種記号	H250D 型
全長×全幅×全高 (mm)	5250×1830×1480
ホイールベース (mm)	2850
トレッド前×後 (mm)	1495×1490
最低地上高 (mm)	190
車両重量 (kg)	1800
乗車定員 (名)	6
燃料消費率 (km/ℓ)	—
最高速度 (km/h)	195
登坂能力	$\tan \theta\ 0.47$
最小回転半径 (m)	5.8
エンジン型式、種類	Y44 型
配列気筒数、弁型式	G，水冷，4サイクル，V8 気筒，OHV
内径×行程 (mm)	92×83
総排気量 (cc)	4414
圧縮比	8.6:1
最高出力 (PS/rpm)	200/4800
最大トルク (kg・m/rpm)	35.0/3200
燃料・タンク容量 (ℓ)	75
トランスミッション	3段自動変速機、コラム
ブレーキ	油圧、2系統式、サーボ付、前ディスクサーボ付後ドラム
タイヤ	7.75S-14-4PR　Ⓣ
価格 (¥)	3,080,000

日産自動車のフラッグシップカーとして開発されたプレジデントの2代目モデル。ボディは全長で205mm、全幅で35mm拡大され、フロントマスクやリアエンドは大幅にデザイン変更されていたが、キャビンなどは初代と同様であり、ビッグマイナーチェンジに近いモデルであった。

しかし、サスペンションの見直しによる乗り心地の向上、ウェザーストリップの3重化による風切り音の低減など、高級車としての改良は随所に加えられていた。

写真のDタイプは、おもに公用車として使用された最上級グレード。この250系から、V8エンジンが3988ccのY40型から4414ccのY44型に変更され、最高出力で20PS、最高速度で10km/h、それぞれ向上が図られていた。

ニッサン・チェリー F－Ⅱ 1400 クーペ GL

日産自動車
●発売 1974年1月

車名	ニッサン・チェリー F-Ⅱ 1400 クーペ GL
型式・車種記号	KPF10H 型
全長×全幅×全高 (mm)	3825 × 1500 × 1315
ホイールベース (mm)	2395
トレッド前×後 (mm)	1280 × 1245
最低地上高 (mm)	185
車両重量 (kg)	760
乗車定員 (名)	5
燃料消費率 (km/ℓ)	—
最高速度 (km/h)	160
登坂能力	tan θ 0.49
最小回転半径 (m)	4.8
エンジン型式、種類	A14 型
配列気筒数、弁型式	G, 水冷, 4サイクル, 直列4気筒, OHV
内径×行程 (mm)	76 × 77
総排気量 (cc)	1397
圧縮比	8.5:1
最高出力 (PS/rpm)	80/6000
最大トルク (kg・m/rpm)	11.5/3600
燃料・タンク容量 (ℓ)	無鉛・40
トランスミッション	4段, 全シンクロ, フロア
ブレーキ	前ディスク後ドラム
タイヤ	6.15-13-4PR
価格 (¥)	761,000

日産自動車初のFF車として誕生したチェリーがフルモデルチェンジを受けた。F－Ⅱというサブネームが付いた2代目チェリーは、エンジンの排気量をサニーと同等まで高め車格を上げてのデビューとなった。

スポーティなイメージだった初代とは打って変わって、落ち着いたファミリーカーとして開発されたチェリーF－Ⅱは、全長で215mm、全幅で30mm、ホイールベースで60mmと、それぞれアップさせてボディサイズを拡大。エンジンルームの延長やドアを厚くするなど、翌年に迫った50年排出ガス規制への対応や側面衝突対策が施されていた。

その後、スポーツマチックと呼ばれる3速AT車などを追加設定したが、後継モデルのパルサーにバトンタッチする形でその歴史に幕を閉じている。

トヨタ・カローラ 30 ハードトップ 1600GSL

トヨタ自動車工業
●発売 1974年4月

車名	トヨタ・カローラ 30 ハードトップ 1600GSL
型式・車種記号	TE37-KZBR 型
全長×全幅×全高 (mm)	3995 × 1570 × 1350
ホイールベース (mm)	2370
トレッド前×後 (mm)	1300
最低地上高 (mm)	1285
車両重量 (kg)	915
乗車定員 (名)	5
燃料消費率 (km/ℓ)	18.5
最高速度 (km/h)	160
登坂能力	$\tan\theta$ 0.63
最小回転半径 (m)	4.7
エンジン型式、種類	2T-BR 型
配列気筒数、弁型式	G, 水冷, 4サイクル, 直列4気筒, OHV
内径×行程 (mm)	85 × 70
総排気量 (cc)	1588
圧縮比	8.5
最高出力 (PS/rpm)	100/6000
最大トルク (kg·m/rpm)	13.9/4200
燃料・タンク容量 (ℓ)	レギュラー・50
トランスミッション	4段、全シンクロ、フロア
ブレーキ	前ディスク後ドラム
タイヤ	Z78-13-4PR
価格 (¥)	882,000

ベストセラーカーの座を不動のものにしていたカローラの3代目は、ボディタイプは2ドアセダン、4ドアセダンに加え、センターピラーを廃止した2ドアハードトップを新たに設定。全車で先代モデルより全幅で65mm、ホイールベースで35mm拡大され、安定感のあるスタイルへと生まれ変わったのである。公害安全対策に関してはカローラも例外ではなく、50年排出ガス規制には、エンジンルームやフロアを拡大して浄化システムの装着に備え、ユニットコンストラクション構造のボディは、前後にサイドメンバーを追加した衝撃吸収タイプへ進化。運転席、助手席ともに3点式シートベルトを全車に標準装備するなど、国内保安基準はもとより世界各国の安全基準にも対応できる安全性能を備えていた。

トヨタ・スプリンターセダン 1200DX

トヨタ自動車工業
●発売　1974年4月

車名	トヨタ・スプリンター セダン 1200DX
型式・車種記号	KE40-KDF 型
全長×全幅×全高 (mm)	3995×1570×1350
ホイールベース (mm)	2370
トレッド前×後 (mm)	1295×1285
最低地上高 (mm)	170
車両重量 (kg)	815
乗車定員 (名)	5
燃料消費率 (km/ℓ)	21
最高速度 (km/h)	150
登坂能力	$\tan\theta$ 0.50
最小回転半径 (m)	4.7
エンジン型式、種類	3K-H 型
配列気筒数、弁型式	G, 水冷, 4サイクル, 直列4気筒, OHV
内径×行程 (mm)	75×66
総排気量 (cc)	1166
圧縮比	9.0
最高出力 (PS/rpm)	71/6000
最大トルク (kg·m/rpm)	9.7/3800
燃料・タンク容量 (ℓ)	無鉛・50
トランスミッション	4段, 全シンクロ, フロア
ブレーキ	前ドラム後ドラム
タイヤ	6.00-12-4PR
価格 (¥)	686,000

姉妹車のカローラ30シリーズと同時に発売された3代目スプリンターは、同年にフルモデルチェンジされたクラウンシリーズなどと同様に、特に公害安全対策を強化したモデルとして登場した。

ボディタイプは4ドアセダンと2ドアクーペが用意され、カローラとの違いがデザインのみであったセダンに対して、クーペは全長と全幅を拡大し、サッシュレス構造のサイドドアを採用するなど独自のスタイルへ一新。さらに天井と一体成型されたチケットホルダー付きのオーバーヘッドコンソールをクーペにのみ標準装備し、カローラとの差別化を図っていた。

なお、スプリンタートレノとカローラレビンもフルモデルチェンジを受けたが、初代ほどのインパクトは残せなかった。

トヨタ・クラウン 2600 ロイヤルサルーンセダン

トヨタ自動車工業
●発売　1974年10月

車名	トヨタ・クラウン 2600 ロイヤルサルーンセダン
型式・車種記号	A-MS85-NQU 型
全長×全幅×全高 (mm)	4765 × 1690 × 1440
ホイールベース (mm)	2690
トレッド前×後 (mm)	1430 × 1400
最低地上高 (mm)	180
車両重量 (kg)	1495
乗車定員 (名)	6
燃料消費率 (km/ℓ)	—
最高速度 (km/h)	160
登坂能力	tan θ 0.42
最小回転半径 (m)	5.5
エンジン型式、種類	4M-U 型
配列気筒数、弁型式	G,水冷, 4サイクル, 直列6気筒, OHC
内径×行程 (mm)	80 × 80.5
総排気量 (cc)	2563
圧縮比	8.5
最高出力 (PS/rpm)	135/5400
最大トルク (kg·m/rpm)	20.5/3600
燃料・タンク容量 (ℓ)	無鉛・72
トランスミッション ブレーキ タイヤ	3段自動変速機、コラム 前ディスク、サーボ付後ドラム D78-14-4PR
価格 (¥)	2,443,000

初代がデビューしてから約20年、フルモデルチェンジを受けて、クラウンは5代目となった。ボディタイプは4ドアセダン、2ドアハードトップ、ワゴンに加え、北米などでは一般化していた4ドアピラードハードトップを新たに設定し、よりパーソナル志向の強いユーザー層にアピールした。

スタイリングは、先代のスピンドルシェイプから高級車にふさわしい直線基調の落ち着いたデザインへ一新。年々厳しくなる排出ガス規制を睨んだ公害対策や省資源なディーゼル車の設定、ブレーキシステムなど制動装置の強化も5代目の特徴である。

各性能をブラッシュアップさせ、オーソドックスなスタイルに戻した5代目クラウンは、ニッサン・セドリック/グロリアに奪われていたシェアを再び取り戻すこととなった。

ダイハツ・シャルマン 1200 ハイカスタム

ダイハツ工業
●発売 1974年11月

車名	ダイハツ・シャルマン 1200 カスタム
型式・車種記号	A10-KL 型
全長×全幅×全高 (mm)	3995×1520×1370
ホイールベース (mm)	2335
トレッド前×後 (mm)	1255×1245
最低地上高 (mm)	170
車両重量 (kg)	800
乗車定員 (名)	5
燃料消費率 (km/ℓ)	—
最高速度 (km/h)	150
登坂能力	tan θ 0.51
最小回転半径 (m)	4.6
エンジン型式・種類	A10KL 型
配列気筒数・弁型式	G, 水冷, 4サイクル, 直列4気筒, OHV
内径×行程 (mm)	75×66
総排気量 (cc)	1166
圧縮比	9.0:1
最高出力 (PS/rpm)	71/6000
最大トルク (kg·m/rpm)	9.7/3800
燃料・タンク容量 (ℓ)	無鉛・43
トランスミッション	4段, 全シンクロ, フロア
ブレーキ	前ディスク後ドラム
タイヤ	6.00-12-4PR
価格 (¥)	727,000

ダイハツ工業が大衆乗用車のラインナップ強化のために開発した小型サルーン。車名はフランス語で「魅力的な」という意味で、それまで販売していたコンソルテシリーズより上級モデルに位置付けられていた。

パワートレインなどの主要コンポーネンツは、トヨタの20系カローラから流用していたが、フロントドア以外のボディデザインはダイハツが担当。大衆車では採用例のなかった4灯式ヘッドライト、大型バンパーで構成されたフロントマスクに代表されるスタイリングは、市場からの評判も上々であった。ボディタイプは4ドアのみで、エンジンは1166ccと1407ccの2種類を用意。のちにスポーティグレードなどが追加された（スペック表は1200カスタム）。

索 引

〈ら〉

執筆・編集

小堀和則
　1974年千葉県生まれ。RJC（日本自動車研究者ジャーナリスト会議）、
　自動車史料保存委員会所属。

梶川利征
　1973年東京都生まれ。自動車史料保存委員会所属。

三樹書房編集部　山田国光　武川　明

日本の乗用車図鑑
1907-1974

編　者……自動車史料保存委員会
発行者……小林謙一
発行所……三樹書房
　　　　　〒101-0051東京都千代田区神田神保町1-30
　　　　　TEL 03（3295）5398　FAX 03（3291）4418
　　　　　URL http://www.mikipress.com
印刷・製本……中央精版印刷株式会社